大是文化

麥肯錫不外流的交涉技術

如何讓對方按照你的意思去做，他還覺得自己賺到了

在臺累積銷售破20萬冊，
麥肯錫系列作者
高杉尚孝——著
鄭舜瓏——譯

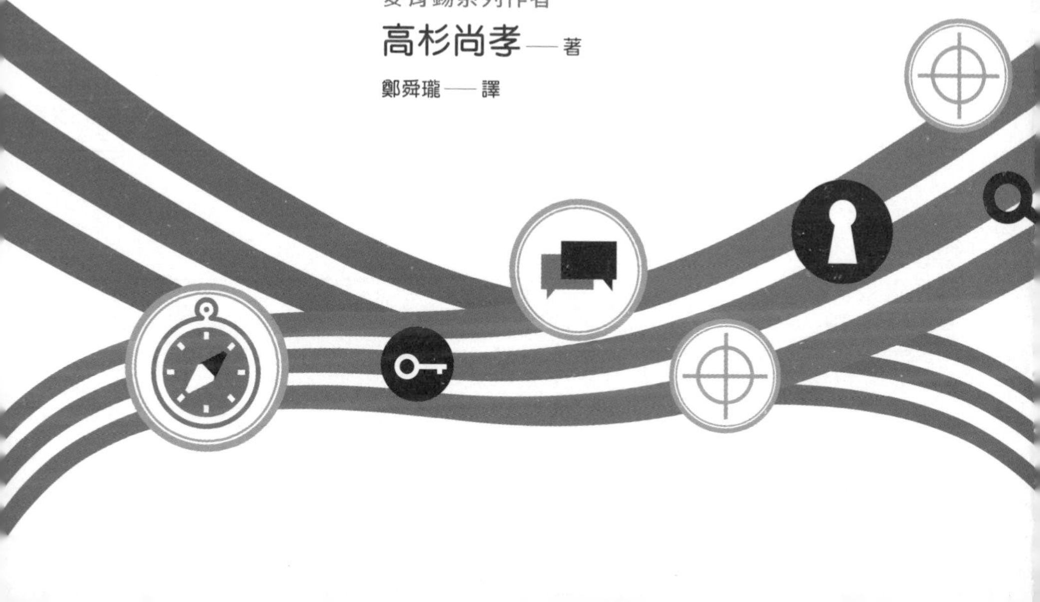

CONTENTS

第3部　攻防的要領——175

推薦序

哥教的不是溝通技巧，是思考能力

啟點文化執行長及社會心理學家　**裘凱宇**

閱讀這本《麥肯錫不外流的交涉技術》時，我腦中一直回想起，在研究所曾讀過的心理學研究，叫「三山實驗」。那是兒童心理學祖師爺皮亞傑（Piaget）所研發的經典測驗，目的是用來衡量孩子的認知發展階段。

在這個實驗中，皮亞傑設計了三座立體假山，而且每座山用不同的顏色或明顯特徵加以區別，例如：第一座假山的山頂有白色積雪，第二座的山頂有間小矮房，第三座的山頂則有個紅色十字架。

接著，把假山模型放在桌上，請兒童站在某一側，再拿一個洋娃娃放在兒童的正對面。有趣的來了，研究者會先問兒童：「你眼前看到的假山山頂有什麼？」大約六歲左右的兒童，可以很快的回答：「我看到白色的雪和紅色的十字架。」

之後，實驗者會拿另一個角度拍攝出來的假山，問兒童：「那你知道坐在對面的娃娃，看到的山頂是什麼嗎？」（答案是小矮房。）

這下可就考倒孩子了，六歲以下的兒童只能按照他們看到的角度，回答娃娃看到的東西，他們無法脫離自己的視角，去理解另一個人的世界。八歲到九歲的兒童，才能正確回答出，娃娃看到的山跟自己的有什麼不同。

於是，皮亞傑把這個現象稱為「兒童自我中心」的思考模式，最明顯的特徵就是只能用自己經驗過的資料推論世界，沒辦法換位思考。

讀到這裡，也許你會認為這沒什麼大不了，反正等孩子大一點，有了空間概念後，自然會知道從不同角度看到的山是不一樣的。但真的是這樣嗎？

在我的實務經驗中，**很多成人在和他人對話時，思考運作的方式和六歲孩**

童沒什麼兩樣。同樣非常的以自我為中心，無法揣摩對方在乎的東西或立場。只要對方想的和自己不一樣，就認為對方是找碴或故意刁難，特別是和自身利益有關的事，這種情況會更嚴重。

不管你怎麼引導、鼓勵他試著換一種角度，重新思考問題的解決方式，他就是堅持要用自己盤算好的計畫去交涉，一點也不肯退讓。想當然耳，結果是越聊越氣，越談越傷，不僅生意沒做到，關係也搞砸了。

碰了幾次灰後，有些人便覺得可能是自己口才不好、表達不佳，才會無法完成目標。因此花了不少錢，上了很多課後，卻發現自己的交涉、協商能力仍然一點進步也沒有。

其實，**真正的問題並非出在溝通技巧，而是看事情的觀點，也就是思考能力的差異**。懂得箇中訣竅的人，在談判交涉時，總是能左右逢源，談什麼都得心應手；不懂的人則處處碰壁，或在最後一刻功虧一簣。

一如本書作者在前言中，對交涉一詞的定義：「這是一種邏輯思考的應用領域，目的是同時解決雙方問題，提高雙方滿意度的溝通過程。」

既然是「雙方」，就意味著你得搞清楚自己的觀點，同時投資更多時間，了解對方的立場，才能達到雙贏。而**不是你覺得這樣對他有利，對方就得買單**。若你能培養自己，在進行每一場交涉、談判、協商、高難度對話時，都有做功課的習慣，時時換位到對方的角度，揣摩對手看到的風景，哪怕只是一般的溝通，你都有機會和對方攜手創造出美好的結果。

非常推薦《麥肯錫不外流的交涉技術》一書，給任何希望自己在和人互動時，能夠清楚表達自己的想法，同時考量對方的需求，找出最適當平衡點的人。閱讀此書，你將不只學到一套完整的思考技巧，還有更多對人性的洞悉，值得反覆駐足。

（本文作者袁凱宇，輔仁大學社會心理研究所碩士。啟點文化執行長。致力於將心理學知識運用在真實人際情境中。著有《衝突對話，你準備好了嗎？》、《這樣做，跟任何人都能溝通》。）

前言

讓雙方都滿意，但我達到目的

近年，商務人士最關心的技術就是邏輯思考。事實上，高杉事務所在替企業舉辦的研討會中，多數管理者希望加強的，都是員工的邏輯思考能力。這是因為現代人逐漸廣泛認知到，對商務人士來說，邏輯思考能力是所有業務的基礎，更是非常重要的技能。

在過去，邏輯思考多被視為講究天分、與生俱來、個人差異性高的能力，不太會被當作訓練和研習的項目。但現在，大家逐漸知道**邏輯思考有一套基本的理論，縱使個人程度不一，只要透過學習，每個人都可以提升**。

以我的經驗來說，在麥肯錫（Mckinsey & Company）這種提供戰略諮詢服務的顧問公司，**邏輯思考幾乎可以說是我們處理業務的核心技術**。其次，在投資銀行業務方面——特別是我專門在做的企業併購戰略，與財務體質改善策略也一樣，都必須有扎實的邏輯做背書。

其實不只是投資業務，像石油公司的生產計畫，或是危機管理的宣傳戰略，都必須有強而有力的邏輯思考做支撐。順帶一提，以舉辦研討會的事業來說，除了讓客戶感受到我們的熱忱，最重要的，還是得用有邏輯的說明來說服對方。

再把層次拉高一點來看，其實不只業務用得到，包括增進異文化之間的工作效率，也需要邏輯思考做基礎，雙方才能清楚且明瞭的溝通。

我出來開公司之前，曾在外商公司工作了二十年，也在國外待過很長一段時間，這些經驗告訴我，對商務人士而言，邏輯思考與溝通技巧是不可或缺的能力。

為什麼現代社會如此注重邏輯思考？原因之一就是，經營環境今非昔比，若經營者繼續盲目執著於過去的模式，勝率只會每況愈下。

經營者必須設法讓公司所有員工，至少能**邏輯歸納工作範圍內的問題**，並定義問題、提出解決方案，讓顧客和公司共享利益，進而產生更多價值。這就是所謂的知識管理。

比方說，現在有許多優良企業為了培育經營階層，都會舉行密集的研習課程。這類課程通常會在後半段時間，設定一個與自家公司相關的課題，讓參與者分析，最後向領導者提出建議。換句話說，參與者的研習成果報告，就是向老闆做簡報。因為要向老闆報告，不難想見，所有人無不費心勞力的拿出最好的成果。

但遺憾的是，多數人並未具備邏輯思考以及表達能力，再加上簡報屬於視覺性的溝通，必須經過訓練才能熟練，導致參與者無法將這些費盡心血的分析與建言，精準的傳達給老闆，進而白白浪費彼此寶貴的時間。

有家著名企業碰上這種狀況，曾經委託我幫他們舉辦邏輯思考表現力與簡報技術的研討會。透過我們的安排，員工的簡報品質獲得大幅提升。那次的成果，不僅獲得老闆讚賞，參與者的滿意度也非常高。不僅如此，據說該公司還採納員工的建言，實際運用在公司的經營策略上。

但是，盲目的磨練邏輯思考技術，無法產生更高的價值。最重要的還是，**你有沒有辦法把邏輯思考技術，轉換為達成目標的手段**。

現在，學習邏輯思考和創意思考，儼然已成為一門顯學。當然，我非常贊成大家學習這些技術。但光是說「我搞懂金字塔理論了」、「我學會MECE（詳見第七七頁）了」，也無法百分之百保證你的工作品質能獲得提升。

最常見的情況是「關鍵字症候群」，也就是從未實踐過，只在腦中理解某個名詞的架構，便志得意滿的症頭。邏輯思考也一樣，若你不想落入關鍵字症候群的陷阱，最好**把邏輯思考當成一種實踐的手段，而非知識的堆積**。

本書是以交涉為主題的實用書。交涉和邏輯思考一樣，都是為了達成目的或目標的手段。所以，最終的交涉目標，必須由負責交涉的當事人決定，但也可以把交涉定位為邏輯思考的應用領域之一。

當然，提升交涉技巧很重要。不只在商業，包括政治、外交，乃至於日常生活都用得到它。

一般而言，日本人不擅長交涉。究其原因，他們向來習慣以心傳心，不鼓勵突顯自我。再加上日本人重視和諧，所以常做出不必要的讓步。交涉在日本人心中，是一種利己的行為，因此被視為應當避諱的舉動。

但嚴格來講，日本人之所以討厭交涉，是因為他們習慣把平等視為理所當然，事實上卻將累積下來的和平紅利，坐吃山空。但在日本以外的大多數國家，都把交涉定位為確保平等的手段。這之間的差異，我想大家只要去國外繞一圈回來，便能有深刻感受。

不管你喜不喜歡都必須承認，全球化競爭早已普及且正快速發展中。希望大家不要再把交涉視為圖利的缺德行為，應重新定義為**確保平等的正當手法**。

在本書，我將更進一步把**交涉**定位**為邏輯思考的應用領域，且是同時解決**

雙方問題，並提高雙方滿意度的溝通過程。若能接受這樣的觀念，我們在面臨交涉時，態度一定能變得更加積極。

本書共分為三部。首先，第一部第一章，我把交涉定位為一種溝通型態。從這個觀點出發，再將它和其他溝通型態做比較——比如辯論或簡報。

第二章，從交涉等於邏輯思考的應用領域這個角度，跟大家解釋何謂邏輯思考。許多書把邏輯思考講得過於艱澀，我將以平易近人的方式為大家說明。

第三章則談論表達技巧。因為，無論是邏輯思考、交涉技巧或各種溝通模式，都需要透過表達技巧來施展。有人說：「我很擅長邏輯思考，可是總無法順利的將想法傳達給別人。」這表示他沒有發揮出邏輯思考的價值。交涉也一樣。市面上出版了許多教人如何邏輯思考的參考書，但幾乎沒有一本書具體提到表達方法，其實表達和邏輯思考同等重要，而且必須一起搭配使用。

接下來進入第二部，在第四章，我會介紹各種增強交涉力的方法，包括BATNA（詳見第一一二頁）等。第五章中，則會教大家如何藉由猜想交涉對手的心理狀態，使對方的需求無所遁形。

第六章談到交涉時的心理層面分析。市面上關於交涉技巧的書籍琳瑯滿目，但提到心理層面，特別是具體教導交涉者如何保持平常心的，恐怕不多。

第三部的第七章，則以摘要的方式，替各位整理出各種缺德交涉戰術，以及應對方法。第八章談到如何設立目標，以及合理讓步的方法。第九章為各位整理，在交涉過程中，會被問到哪些類型的問題，以及該如何回答。

最後，第十章將教大家如何制定交涉的議程。本章介紹的，算是交涉的基礎硬體設備，內容包括協議事項、編排交涉團隊、如何選定交涉場所等。

作為邏輯思考及交涉技巧的參考書籍，本書若能增進讀者這方面的能力，我將備感萬幸。

第1部

成功的交涉，讓對方樂意繼續往來

第1章

交涉是一種讓對方照我意思做的手段

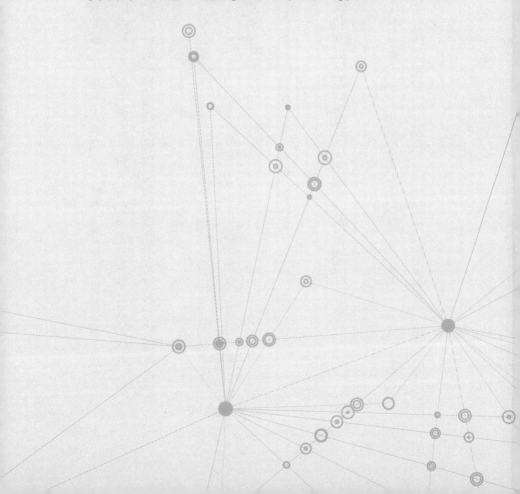

所謂交涉，廣義來說是一種溝通的形式。簡單講就是訊息發送者，致力於讓接收者採取行動的過程。換個方式說，接收者必須先理解發送者的訊息，接著才有可能採取行動。**任何一種溝通的最終目的，無非是希望對方能照著自己的意思來**。

更具體來說，這樣的溝通，通常需要透過一種媒介（管道），發送者才能將訊息傳遞給接收者。接收者收到訊息之後，會根據訊息採取某種行動。最後，接收者的行動又會為發送者帶來回饋。

從這點來看，我們可以了解溝通是一種雙向交流。

訊息發送者使接收者採取行動的過程，就是溝通

接下來我們以業務活動為例，這是企業最常被探討的部分。首先，必須有發送訊息者，也就是業務員；他們必須將自家產品和服務優異性的訊息，傳達

給接收者，像是終端消費者、使用者、中盤經銷商等。

傳遞方法有很多種，比如業務員可以透過店面陳列展示、電話的口頭說明、書面資料等。此外，傳遞訊息的管道也很多，像是目錄、手冊、廣告郵件、網路等。

接收者或許會根據這些訊息，而購買產品或服務，也可能不為所動。這時，作為業務員，必須根據接收者的反應或行動，思考出新的訊息，然後重新發送給接收者。

我們再舉個例子。在籌措資金的過程中，負責發送訊息的，大都是財務負責人。不過近來，將投資人關係（Investor Relations，簡稱ＩＲ）獨立出來、成立專屬部門，已蔚為風潮，所以我們也可把ＩＲ負責人視為訊息發送者之一。

他們必須找出自家公司在財務面或經營戰略上的優異性，並將這些訊息傳達給接收者，也就是融資者、投資者等。當然，不只是終端資金提供者，包括股票分析師、信評機構分析師等，也是很重要的訊息接收者。

至於溝通管道則包括損益表（Income Statement）、資產負債表（Balance Sheet）、現金流量表（Statements of Cash Flows）、公司年報等。發送者會透過這些媒介，個別與特定銀行、機構投資者當面說明，或與少數證券分析師開閉門會議，也就是所謂的小型分析會議。

接收者接受各式各樣的訊息之後，銀行就會開立信用狀，機構投資人將決定是否買股票，信評機構的分析師則會對公司債做出評價。至於證券公司的分析師，則會建議投資人買進或賣出該公司的股票。

發送者的訊息獲得接收者的理解，進而採取某種行動，這樣的過程就叫做溝通。

交涉，讓對方按自己意思行動的手段

交涉過程最重要的是溝通的對手、也就是接收者，因此我們必須設定一個

被期待的行動。以前面的例子來說，就是購買自家公司的產品或服務；以籌措資金的例子來說，則是讓投資人、融資者提供資金，這些便是接收者被期待的行動。

當然，對手的狀況百百種，大多時候，我們很難一開始就期待會有任何具體行動。比如，某公司開發了消費者沒聽過、也沒用過的全新商品。看到這種新商品，當然，價錢也是一個考量，但我想大概沒有人會在第一時間，毫不猶豫的買下去。

像這種情況，公司應該先讓消費者了解新商品的用途及效果。在消費者知道這些訊息之後，還要讓他們產生「這很好用」的信任感，如此一來，自然會想購買。以這個例子來看，公司最終目的就是希望消費者購買該項新商品，同時，這也是消費者被期待的行動。

接下來，我們來看交涉過程是怎麼一回事。

比方說，你要跟房東交涉調降房租。這個動機背後隱藏的是，你希望房租能降到自己期望的價錢。換個方式說，你期待房東做出降租金的行動。再舉個例子，假設你想和上司討論（這也是交涉的一種），減少自己的加班時間，你期待上司採取的行動，無非就是為你減少工作量。

像這樣，我們可以把交涉，解釋成**為了讓對方照自己的意思行動的一種手段**。因此，交涉便可定位為**溝通的一種型態**。

交涉不是比誰鴨霸，雙方滿意才是成功

現在我們知道交涉是溝通的一種型態，大家都希望交涉能成功，但究竟怎麼樣才算成功？

就結論來說，能**同時提升自己與對方滿意度的交涉**，才是成功的交涉。

理想的交涉目標應該是：**只要交涉的結果，能讓雙方獲得滿足感，即使稍做讓步也無妨**。換言之，**成功的交涉就是，在解決對方問題、帶給對方好處的**

同時，自己的問題也能獲得解決，並從中取得利益。

不難想像，我這麼說，可能會招致批評：「說得倒輕鬆，在這個吃與被吃、弱肉強食的世界，哪有這麼便宜的事！」但這不代表我的論調就過於理想化。甚至，以長期的觀點來看，這是交涉者應有的唯一態度。

以賣方和買方的關係為例，假設賣方經常犧牲利益，只為了滿足買方的要求，長期下來會發生什麼狀況？賣方可能會經營困難，最後甚至倒閉。

相反的，假設買方經常覺得受到賣方欺騙，他一定會縮手，遠離賣方。可能有人覺得：「反正會買我們東西的都是一次性客戶，不需要把眼光放得太遠。就算顧客有損失，我還是能賺錢。」但這樣的公司，終究會因為風評不佳，沒人敢再上門。

因此，同時提高雙方滿意度，絕非過於理想的空談，而是符合現實利益的目標。

曾經有某個亞洲國家，由於未來的經濟發展備受期待，使得許多先進國家都前仆後繼的到該國進行鉅額投資。但我曾聽聞某個與他們交手的貿易商表示：「他們的態度太過霸道，實在不想和這種國家做生意。」對該國做出負面評價。

當然，在交涉過程中，一定會遇到互不相讓的情況。但是，若交涉者不打算提高雙方滿意度，便會被人貼上「敲竹槓」的標籤。抱持誠意交涉非常重要，千萬不能小看這樣的態度。

用「包裹交易」來看待交涉，可行策略就會越來越多

那麼，提高雙方滿意度的祕訣是什麼？每個人想要的不一樣，不管是個人也好，組織也罷，對方的需求大致不會和我們相同。

假使能夠把交涉，看作是**交雜著各種要素的包裹交易**，並將目標放在提高整體滿意度上，這些要素的排列組合方式將會瞬間大增。這樣一來，找出提高

雙方滿意度的解決策略，也會跟著提升。

整體來說，交涉本身就是一種包裹交易。比如，不管是機械燃料或是辦公室的文具用品，可用來作為交涉對象的項目很多；包括商品本身的價格、運送成本、運送頻率、數量、支付條件等。

相對的，假設以短視近利的目光看待交涉，集中在某項目上爭論不休的話，便很難同時滿足雙方的需求。因為把焦點放在單一爭論時，一定會有人贏、有人輸。沒有人喜歡輸，所以這種交涉方式，最容易觸礁。

無論是從避免碰上死結，或是提高雙方滿意度的觀點來看，我們都必須把交涉視為一種結合多項要素的包裹交易。

欺騙是一種詐欺，不算交涉

很遺憾的，有些人認為交涉過程中，必須欺瞞對方，以確保自己的利益。

這種想法絕對是錯誤的，因為**欺騙對方是一種詐欺的行為，不叫交涉**。

但由於許多國家經濟長期低迷，透過詐欺手段來交涉的缺德生意越來越多，因此我們有必要學會交涉來保護自己。關於常見的缺德交涉戰術，已為各位整理於第七章。

當然，本書的目的並不是鼓勵各位使用這些缺德交涉戰術，而是讓大家了解這些陷阱，才能保護自己。

適時讓步，才不會讓你被暗中報復

我們要怎麼找出用來測量雙方滿意度的基準？

為了讓大家更清楚了解何謂成功的交涉，先來看看什麼是失敗的交涉。

有時候即使交涉成立，但雙方卻因此鬧得非常不愉快，原因之一就是交涉者為了保護或達到自己的利益，堅持不做任何退讓。簡單來說就是，固執的堅守自己的主張，完全不尊重對方。**有些人可能會誤解，以為優秀的交涉者就該固執的堅守己見**。

比方說，某人因為急需，逼不得已要在某間店購買某樣商品。結果，店員態度不佳。雖然最後還是勉強買了，但買方會在心裡嘀咕：「我以後再也不來了。」相信不少人都有過類似的經驗。

縱使最後交涉成立，店家擺出的霸道態度，卻在消費者心中留下疙瘩。如此一來，受氣的一方往後找機會報復的機率，也會大幅攀升，可能會到處說那間店的壞話；更別說現在是網路世代，消費者報復的衝擊力，絕對比以前大得多。事實上，現在網路上到處都可以找到類似文章，分享人們在某間店消費的不愉快經驗。

為了欺瞞對方而使用的缺德交涉戰術，就是造成雙方產生芥蒂的最大原因。一旦讓對方覺得，你用不合理的方法，逼迫他做出不必要的讓步，就稱不上是成功的交涉。當對方產生這種感覺，以後大概就不會再和你打交道了。假使這是商業性質的交涉，生意最後一定做不下去。就像剛才說的，當交涉者感到受騙上當，他很可能會找機會用別的方式報復。

協議好的就別翻案，否則將被列為拒絕往來戶

另外，若是明明說好的協議，兩三下就被銷毀、不遵守，這些行為都會讓交涉者產生負面印象。雙方好不容易才達成協議，意義是何等重大，若有人輕易踐踏約定，說話不算話，這種行為便令人難以忍受。

近年，有消息傳出北韓持續開發核子武器。這明顯違反了一九九四年簽訂的《北韓—美國核框架協議》，以及《不擴散核武器條約》。

雖然有時候在合約中，有另行協商的項目，但在**履行協議事項時**，**最好不要以狀況改變為由**，**輕易重啟談判**。因為對方很可能在日後，將你列為拒絕往來戶。

最著名的例子，就是發生於一九七七年的日澳砂糖紛爭。日本約三十家砂糖廠商，向澳洲政府大量採購砂糖，簽訂長期契約。不料，之後砂糖行情大跌，日本倚仗合約中另行協商的項目，主張調降當初設定的價格，拒絕接收砂糖，而導致好幾艘滿載砂糖的貨物船，停泊於東京灣，事態陷入僵局。

但在該另行協商的項目中，提到可重新評估的並非價格，而是契約的運用與展延。這個舉動，讓日本在世界留下輸了不甘願、還想硬凹的壞印象。

成功交涉的三個條件

以上幾種類型的交涉，都是談判沒有破局，但就結果來看，仍不算成功的例子。從以上觀點來看，我們可以把失敗的交涉反面，也就是成功的交涉條件，歸納為以下三點：

①互相尊重彼此的利害。

②互相承認彼此的做法很公平。

③相信雙方都會遵守協議事項。

只要滿足這三項條件，彼此都會覺得自己是贏家，也能大幅提升再次合作的意願。

更進一步來說，即使結果破局，若過程中滿足這三項條件，交涉也未必就是失敗。因為雙方再次展開新交涉或新交易的可能性，就變得非常高。

事實上，我和顧客（企業）交涉時，曾碰到類似的情況。對方一開始因為預算問題，無法和我們達成協議，但願意在下次合作時，提高他們的預算。

千萬不要一味為了成交，而忘記這三項條件。就算一開始沒有成功，只要過程中能滿足這三項條件，之後反而能獲得更大利益。

擊潰對方的論點不是交涉

史上最著名的辯論，莫過於一九六〇年的美國總統選舉，當時約翰．甘迺迪（John F. Kennedy）議員和理查．尼克森（Richard Nixon）副總統的電視辯論。另外，在法庭上，檢察官與律師的答辯也算辯論的一種。

這些在真實社會上發生的辯論，稱為實質辯論（Substantive Debate）。「Substantive」指的是有內容的。大家想想看，**我們的官員在國會進行答辯的時候，稱得上是實質（有內容的）辯論嗎？**

辯論比討論更深一層，是挖掘問題本質的手法，這門技術在歐美早已歷史悠久。特別是在多民族國家美國，辯論技巧相當受到重視。事實上，他們許多的高中、大學，都把辯論列為正式科目。即使未被列為正式科目，學生們也將它視為重要的課外活動，積極練習。

被視為學校教育一環的辯論，又稱為學術辯論（Academic Debate）。和現實社會的實質辯論相比，前者較注重如何提升辯論技巧。

關於辯論的種類就先談到這。我要強調的是，**交涉過程並不是在和對方辯論**。所謂辯論，是指兩種不同的主張，互相碰撞之後，最終決定某方的主張獲勝。因此，辯論的重點在於，指出對方的主張與論據的錯誤之處，並強調自己的正當性。講白了，**擊潰對方的論點，就是贏得辯論的關鍵**。

當然，辯論和交涉所需的能力有許多共通之處。首先，這兩種活動，當事人都必須正確且明瞭的傳達自己的主張給對方。這個能力非常重要，當事人必須有邏輯、有組織的建構出意見。

其次，是專心聆聽發言，也就是積極聆聽。不管是辯論也好，交涉也罷，若想正確理解對方的發言內容、背景、弦外之音、前提等，積極聆聽是不可或缺的能力。

第三，報告的技術，也就是簡報能力。**再棒的主張，最終都需要透過活生生的人將它傳達出來**。報告者能否將想表達的事物傳達給聽者，考驗的就是報告者的表達能力。

第四，邏輯思考力也很重要，其實邏輯思考力就是上述這些能力的基礎。

第五，秉持追根究柢的批判性思考能力，也是共通能力之一。

最後還有一項很重要，便是保持平常心。簡單來說，就是控制情緒。動不動就發脾氣或沮喪的人，不管是交涉或辯論，都不可能做得好。

交涉和辯論，差別在誰擁有最終決定權？

或許有人會說：「辯論和交涉所需的能力有這麼多共通之處，根本沒兩樣嘛。」但這兩者有一個本質上的不同——**擁有最終決定權的人是誰**？

不管是現實社會中的實質辯論，或是教育性質濃厚的學術辯論，最終都是由獨立公正的第三方，來判斷誰勝誰負。

以剛才美國總統甘迺迪和尼克森的電視辯論為例，最後是由擁有投票權的國民決定勝負。檢察官和律師的辯論，在美國是由中立的市民作為陪審員，判定被告有罪、無罪；在日本則由法官決定。學術辯論也一樣，最終將由中立的裁判，決定誰是勝利的一方。

回過頭來看交涉。交涉時，誰擁有最終決定權？是擁有最大權限的第三方，替我們做出最終判斷嗎？不是。

在交涉時，能夠決定要不要達成協議的人，只有當事人、也就是交涉者本身。因此，**交涉雙方都握有決定權**。換言之，你的交涉對手也有權決定。這點是交涉和辯論最重要的不同之處。

辯論的最終勝負，是由獨立公正的第三方決定，所以**辯論者為了獲勝，最好的方法就是突顯對手主張的不完備之處及不正當性，完全無須避諱會不會損及雙方感情**，最好能徹底擊垮對方。

另一方面，我們來看交涉的情況是怎麼樣。我以最具代表性的交涉種類，也就是商業談判為例，最能看出與辯論之間的差異。假使買方要求賣方降價，而賣方透過辯論的方式，不斷陳述降價的要求有多麼不具正當性，並堅持現行價格的話，結果會如何？難道，買方還會開心的說：「你說得有道理。」然後接受賣方的價格嗎？結果一定相反，買方反而會用更強硬的態度，要求賣方降價，甚至寧可不做這筆生意。

再舉個例子，一位顧問打算銷售他的經營策略給某企業，卻在交涉時，不斷指出對方在經營戰略上的不完備之處，結果會如何？可想而知，那位顧問即使辯贏了對方，也會失去這份合約。

不只是商業談判，**任何交涉若是忽略了對方也有決定權這件事，協議大抵都會破局**。要記住，**交涉不是辯論**。

既然如此，出社會的人不必學習辯論，或企業就不需培育員工的辯論能力嗎？我不這麼認為。

就我個人從學生時代學習辯論技巧的經歷而言，我確實獲益良多。因此，若從磨練分析能力和傳達力的觀點來看，我給予辯論很高的評價。只是，大家一定要了解，辯論和交涉在本質上有哪些不同，才能建立正確的觀念。

簡報與交涉，都在促使對方採取行動

和交涉一樣，這幾年逐漸受到矚目的溝通領域即為簡報。現在，無論是和顧客商談，或是組織內部報告，現代人使用簡報的機會越來越多。簡報和交涉一樣，會這麼受到重視，其背後反映的，正是整個經營大環境已經發生變化的緣故。

比方說，一直以來和自家公司維持獨占交易的廠商，某天可能會突然對你說：「以後我們將以廠商競標的方式來採購，請您提出新的企畫案，並做簡報。」或是某間日系企業由外資投資後，引進年薪制，這代表該公司員工往後要領多少薪水，得自己和公司交涉才能決定。又或者，作為股東的機構投資人，要求最高領導人得親自說明公司往後的業績與未來戰略。

簡報是一種可以把自己的想法，準確且有說服力的傳達給對方，並促使對方行動的技術，也難怪簡報技巧會這麼受到重視。

大多數的交涉場合都用得到簡報，所以接下來要探討的是，何謂簡報？如何進行一場成功的簡報？以及，簡報與交涉的相似和相異之處。

簡報成功的四大要素

簡報的最終目的是，**使對方照著自己的意思行動**。不過有時候，在促使對方採取具體行動之前，**還有一些中間目標**，例如增進對方對某件事的理解度，或是得知對方對於某主題的意見，這也是簡報的目的之一。

無論如何，簡報的最終目標和交涉一樣，都是讓對方照著自己的意思來。

隨著現代人使用簡報的機會越來越多，簡報專用的軟體和投影器材，逐漸成為熱銷商品。這些器材的宣傳標語，都異口同聲表示：「只要有這些設備，你就能做出完美的簡報。」

但事實往往沒有想像中那麼順利。的確，若能好好運用軟體和投影器材，確實可以替簡報加分不少，但光靠軟體和器材，並無法保證能做一場成功的簡報。因為**成功的簡報，必須包含以下四大要素：**

①邏輯思考與清楚表達。

②有說服力的故事。

③吸引人的視覺效果。

④明星架式。

①邏輯思考與清楚表達

邏輯思考不僅能提高交涉的成功率，也能提升簡報的效果。

先說結論，再提論據，這道理說來簡單，但這就是邏輯的基礎。詳細請見

第二章。

清楚表達是邏輯的大前提。若訊息不清楚，聽者就無法了解報告者想表達的內容。這部分若沒處理好，更不用奢言邏輯性。訊息表達不明確的原因有很多，最常見的就是文章中缺乏主詞。再來就是太常使用「以至於」、「而且」、「另外」等這些曖昧性很強的連接詞。

首先，要明確的標示出主詞，盡量把曖昧的連接詞，轉換成有邏輯的連接詞。所謂有邏輯性的連結詞，指的是「由於」、「雖然……但是」、「自從……以來」、「除此之外」等。

此外，有多種解釋、抽象度較高的用語，也要盡量避免，像是「重新評估」、「重新建構」、「活性化」、「多樣化」等，盡量多用一些**具體的動詞和名詞**。這些要點都關係到明確表達的方法，將在第三章中詳細說明。

②有說服力的故事、③吸引人的視覺效果

一場成功的簡報應該是每項分析都很有邏輯、清楚的表達出來，整個流程像說故事一樣，讓聽者能輕鬆進入狀況，理解內容。

既然要像說故事一樣，意味著一定得有開頭、內容、結尾。中間還**要有明確且精準的連接詞，串起整個流程**。我認為沒有比聽一場脈絡不明的簡報，更讓人覺得灰心了。

接著，你還必須把故事化為易懂、訊息明確的視覺效果（圖像、圖表、評語）。再好的故事，若不能用吸引人的視覺效果呈現，效果勢必大打折扣。

以下列舉兩張圖表來對比說明（請參照左頁）。不好的圖表有兩個縱軸（如左頁圖1），橫軸的年分長達四分之一世紀，難免給人訊息過於龐雜之感。其次，刻度與圖表離得太遠，讀者必須不斷在圖表與刻度之間來回確認，會造成很大的負擔。

不過，圖1最大的問題，還是在於訊息性不夠。把絲毫沒有整理過的圖表

圖1　不好的圖表

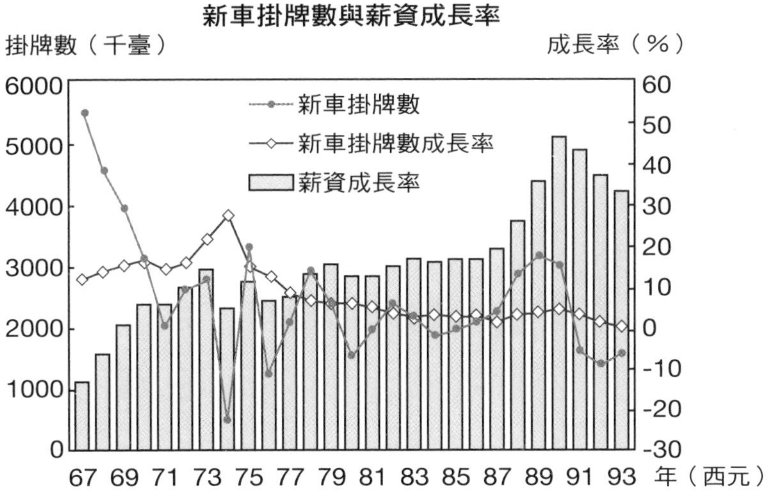

圖2　好的圖表

在泡沫經濟期，薪資成長緩慢，但新車掛牌數卻大幅成長

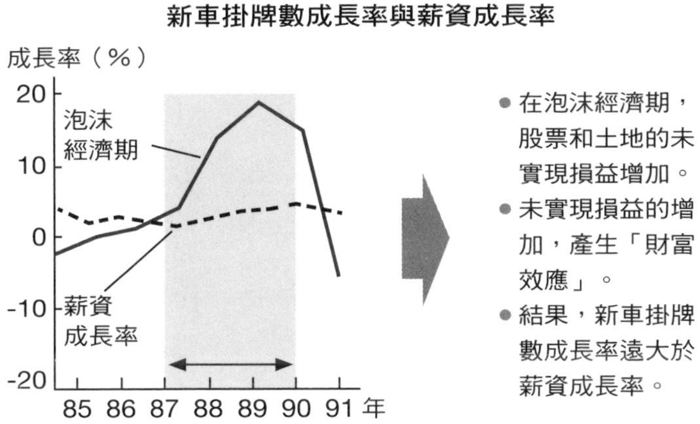

資訊，攤在讀者眼前，只會讓人感到困惑，甚至引導人逕自解讀。

相對的，好的圖表會在抬頭清楚標示出訊息（如上頁圖2）：在泡沫經濟期，薪資成長緩慢，但新車掛牌數卻大幅成長。

其次，好的圖表畫得比較簡潔，訊息明瞭易懂，而且一定會把支持訊息的論據寫上去。

用哪一種圖表做簡報，比較能讓聽者理解，我想就不需要多做說明了。

④明星架式

有了明確的訊息與邏輯、有張力的故事、以及視覺效果，簡報本身已經充滿力量。

最後還得注意簡報者的表現，包括態度大方、聲音宏亮、咬字清楚，與觀眾的眼神接觸或交流、對簡報內容的熱情和誠實，這些要素最終將影響一場簡報的成敗。

所謂堂堂正正的態度，就是挺直背脊。人一站上舞臺，很容易因為緊張而彎腰駝背，記得提醒自己抬頭挺胸。雖說如此，也不能太過誇張，雙肩不必過分往後，否則就會變成「烏龜頭」的體態（頭往前伸，手臂和雙肩往後擺，看起來很不莊重）。

態度大方還有另一個意思，就是**不做無謂、多餘的動作**。比方說，旋轉上半身、左右搖擺身體、時常挪動腳步。另外，雖然很少見，但有些人會不自覺做出類似在搖呼拉圈的動作，這些都是多餘、不必要的。大部分的簡報者都不是故意，而是在無意識的狀態下做出這些動作。

除了身體的動作很重要之外，也要注意手的擺放位置。有些簡報者常不自覺的將手放在頭上，或拚命將褲頭往上拉，即使褲子根本沒有下滑。最好的做法就是一開始先想好，手要擺在哪裡。

唯一要避免的，就是把手插進口袋，因為這樣容易駝背，給人不好的印象。（關於詳細的簡報技巧，請參考《麥肯錫不外流的簡報格式與說服技巧》，大是文化出版。）

在簡報者必須具備的眾多技能之中，熱忱是最重要的，也就是**「我非常想告訴你這件事」的態度**。這種想要傳達訊息給對方的熱忱，間接加強了簡報者的韌性。同樣的，交涉者也必須具備這項技能。

史上最著名的簡報者，我認為依然非約翰．甘迺迪總統莫屬。前面提到，在美國總統選舉期間，當時的約翰．甘迺迪議員和理查．尼克森副總統在電視上辯論。從這場辯論中，我們也可看出簡報技巧確實是左右勝負的關鍵。

若要從美國歷任總統中，再舉一位有名的簡報者，我會選羅納德．雷根（Ronald Reagan）總統。他曾經是好萊塢演員，藉由渾然天成的簡報技巧，風靡全美人民。事實上，雷根總統有一個外號就叫「偉大的溝通者」（The Great Communicator），十分受到人民愛戴。

擁有明星架式很重要。但這件事說起來簡單，做起來卻不容易。我每年都要做好幾場簡報，並且也教人如何做簡報。即使如此，明星架式這項技巧對我來說，可說是永遠也學不完的功課。

互相向對方做短篇幅簡報，就是交涉

簡報和交涉有許多共同點。如前述，無論是簡報或交涉，最終目的都是使對方照自己的意思行動。

除此之外，成功的簡報四要素中，邏輯思考與清楚表達、有說服力的故事、明星架式，同時也是成功交涉的要素。順帶一提，前面提到的辯論，也需要這些要素來支持。

相對的，簡報還多一項吸引人的視覺效果。當然，也有人會在交涉時，透過視覺性的圖表來說明。但對交涉而言，視覺效果頂多只是附屬的材料，相較之下，對簡報來說，視覺效果是非常核心的素材。

如上述，簡報和交涉雖然有很多共同點，但還是有截然分明的差異。其中最大的差異是與對方的相互影響，也就是訊息發送者與接收者之間的關係。

首先，以簡報來說，訊息主要是從報告者向聽眾發送。意思是，簡報的訊息方向性比較明確，也導致簡報者與聽者的互動較少。因此，做簡報時，不可流於單向的訊息發送。報告者可以利用問與答的時間，有意識的與聽者交流，提高互動。

相較之下，交涉時的互動程度，比簡報大得多。交涉必須靠訊息的一來一往，才能往前邁進。換句話說，**互相向對方做短篇幅的簡報，就是一種交涉**，而交涉也可算是一種問與答。當然，有時是對方問、我方答，有時則相反。關於問與答，將在第九章詳細說明。

本章重點整理

- **交涉就是溝通**

溝通：訊息發送者致力於讓接收者採取行動的過程。

交涉：使對方照自己的意思行動的過程。

- **成功的交涉就是同時提高自己與對方的滿意度**

把交涉視為擁有多種要素的包裹交易。

- **成功交涉的三個條件**

①互相尊重彼此的利害。

②互相認為彼此的做法很公平。

③相信雙方都會遵守協議事項。

- **辯論和交涉的相似點與相異點**

相似點：正確且清楚表達主張的能力、積極聆聽、簡報能力、批判性思考、保持平常心的能力。

相異點：最終決定者，辯論——中立的第三方；交涉——當事者。

●簡報與交涉的相似點與相異點

相似點：最終目的為使對方照自己的意思行動。

相異點：簡報與對方的互動小、單向；交涉與對方的互動大、雙向。

●簡報成功的四要素

①邏輯思考與清楚表達。

②有說服力的故事。

③吸引人的視覺效果。

④明星架式。

＊①②④對交涉和辯論來說，也是相當重要的要素。

第2章

要用邏輯使對方認同。怎樣說話叫有邏輯？

成功的交涉，前提是除了探究對方真意，也要讓對方了解自己的主張。為此，有邏輯的說話和書寫，便成了首要之務。邏輯，或說邏輯性，可以增加我們的說服力，進而使對方照我們的意思行動。但大家最煩惱的應該是，究竟要怎麼做才能增強邏輯？的確，光是一味的遭到批評：「文章要寫得更有邏輯一點」、「說話要更有邏輯性」，當事人也不知道具體上該怎麼做。

大部分人面對**「我想變得更有邏輯，該怎麼做才好」這個問題，答案大抵上不出以下四點：**

- **條列式寫下，釐清爭論點。**
- **活用數字，避免產生誤解。**
- **明確找出5W1H（指Why、What、Where、When、Who、How）。**
- **起承轉合要鮮明，引起注意。**

這四點確實都是正確傳達訊息的技巧，但不一定和邏輯有關。

那麼，如果想變得更有邏輯，具體該怎麼做才好？本章，我們要探討如何讓思考變得更有邏輯，以及如何把有邏輯性的想法，傳達給別人。

邏輯的基礎——明確的主張與論據

從結論來說，想讓思考變得更有邏輯，首先要有明確的主張。**清楚的結論和明確的主張**，是擁有邏輯性的大前提。

假使訊息模稜兩可，很遺憾，這樣的狀況連邏輯的邊都沾不上。一個人如果連想表達什麼都搞不清楚，我們可以說他連起跑線都還沒站上去，更遑論有沒有邏輯了。這樣的人大概只會被對方回道：「我聽不懂你說什麼。」然後就掰掰了。

但大家千萬別誤以為，只要有明確主張，你說的話或想法就能變得有邏輯。再多的**明確主張，若沒有論據加持，只不過是羅列出一堆情緒性的評論而已**。因此，邏輯思考的第二個具體要素，就是**支持主張的論據**。

具體的論據有很多種。假設主張就是結果，那麼論據可能是原因；假設主張是理想或目標，論據則可能是達成目標的手段。至於論據的內容，可能是出自案例、數據、名人的意見等。不管怎樣，**有邏輯的表達，必須提出主張，然後陳述論據**。

比如，與房東交涉調降房租時，你可以用以下論點作為論據：

- 經濟邁入通貨緊縮，現在房租行情直直落。（行情多少？）
- 在這附近租房子的朋友說，他的房租調降了。（朋友房租多少？）
- 之前的房租已高於行情。
- 現在比較少加班，房租負擔變重了。

當然，有利的論據絕對不只這些，應該還有很多。最重要的是，要有邏輯的表達出來，不能光是強調「我想調降房租」，還必須搭配支持這個主張的論述才行。

假設邏輯的相反是直覺

從很有邏輯的反義詞，來思考邏輯的要素為何，也不失為一個好方法。各位會怎麼形容很有邏輯的相反？假設A先生是一個很有邏輯的人，另一位B先生則完全相反，大家會怎麼形容B？

請注意，我要大家思考的是反義詞，所以不能回答不合邏輯，因為這不過是單純的否定，並非相反。

可能有人會說，B先生是說話前後不一致、說話太抽象的人，不過我想大部分人會形容B是一個感性的人。但感性的人這種說法，帶有價值判斷的感覺，如果換一個比較中立的方式形容？

或許會有人說他是注重直覺的人，我也覺得這是比較妥當的形容。那麼，暫時先假定邏輯的相反，就是直覺好了。

邏輯和直覺，這兩者的差異在哪裡？當然，兩者都有結論，但什麼東西是邏輯有，而直覺沒有的？沒錯，就是論據。

大家會跟注重直覺的人詢問理由嗎？大概不會吧。因為直覺思考，不需要明確的論據。即使問，大概也只會得到這樣的答案：「這是我的直覺啊！直覺！哪有為什麼！」

邏輯的相反既然是直覺，就表示假如**我們想要很有邏輯的表達，基本條件便在於提出主張之後，還得陳述論據**。

所以說，只要有明確的主張和論據，就具備邏輯性嗎？很遺憾，答案是「No」。

論據，得正確的支持主張

比如，「D公司的業績有逐漸恢復的趨勢。因為營業額不斷減少，再加上開銷有增加的傾向」，大家覺得這句話有沒有問題？

雖然提出了明確的主張與論據，但光是這樣還不夠。因為主張和論據是矛盾的。在結構上，這句話確實有主張和論據，但兩者之間的關聯性並不清楚。「營業額不斷減少，再加上開銷有增加的傾向」，這項論據不管從哪個角度切入，也無法說明「D公司的業績有逐漸恢復的趨勢」。簡單來說，該論據無法正確的支持主張。假使從主張作為切入點來看，我們也可以說：「這項主張無法藉由上述的論據被推論出來。」

因此，**光提出主張和論據並不能構成邏輯**。從此可以推斷出，想要達到邏輯性，還必須具備第三個要素，就是**論據是否正確的支持主張**。

重要的是，即使自己覺得主張和論據之間的關聯性是正確的，但對方是否也這樣覺得？想具備邏輯，有三個要素：

①明確的主張。

②有論據。

③論據要能正確的支持主張。

你的論據，要站在對方的立場想

大家千萬別忘記，確認論據是否正確支持主張的判斷權，最終是掌握在對方手上。作為交涉者，**想讓對方照自己的意思行動，必須先檢視主張與論據的關聯性是否足夠**。

或許有人認為，既然有無邏輯性的最終判斷權，掌握在對方手上，所以必須百分之百了解對方在想什麼，否則很難讓自己的表達有邏輯。若用數位方式思考，很容易得出非黑即白的結論。

其實，不需要用這種非全即無的思考方式，大家可以用類比的方式思考，也就是盡量站在對方的立場，確認自己的主張和論據的關聯性是否足夠。只要能從對手身上獲得更多認同，論據的說服力自然會變得越來越強。

但是，站在對方的立場檢視邏輯性，並不意味著就要隨對方的反應，而改變自己的主張。主要目的無非是為了**讓對方對我們的主張產生共鳴，並非迎合**。舉個具體的例子供各位參考。

「今天好像會下雨（論據），記得帶傘出門（主張）。」

這個主張和論據之間的關係，感覺還滿自然的，對吧？

但請各位想想，這樣的主張和論據，是不是適合所有人？比方說，對沒打算出門的人而言，這個主張和論據的連結，感覺就不自然了。因為對方根本不準備出門。

對有專車接送的人來說也是如此；對走地下街就能抵達目的地的人而言也是，他們不需要雨傘，所以也不會想帶傘出門。換言之，對於即使下雨也不太可能淋到雨的人來說，這個主張和論據之間的關聯性並不強。

同樣的，對即使淋雨也覺得無所謂的人來說，該主張和論據的連結依舊失敗。那麼，當我們面對即使淋雨也不要緊的人時，應該怎麼做？改變我們的主張，對他說「不帶傘也沒關係」嗎？

但這麼一來，便不是在交涉了。所謂**站在對方的立場思考，並不是要我們改變主張，而是替對方增強主張與論據之間的連結度**。

因此，以這個例子來說，不用改變主張，對於即使淋雨也無所謂的人，我們可以**追加論據**，像是「淋雨可能會感冒」，或「你的寶貴西裝可能會淋溼」，盡量強調淋雨是多麼令人不愉快的印象。

論據只考慮對手能否接受，不需討好所有人

有人認為想達到真正的邏輯性，主張和論據的連結必須具有普遍性，得讓所有人都滿意。如果真能做到這樣，是再好不過了。但對於時常被要求在有限時間內，拿出成果的商務人士來說，**主張和論據的連結要做到眾人都滿意，實在是件非常沒有效率的事。**

與其這麼做，不如先假設對手的身分，再試著站在對方的立場思考比較有效。一般來說，在交涉之前，我們會知道交涉對手是誰，所以不難想像對方是站在什麼立場。

即使傳達訊息的對象是難以鎖定的不特定多數，比如，針對大眾消費財所做的廣告宣傳活動，我們也可以根據該集體的共通屬性，把他們擬人化為特定的對象。例如被家事和育兒壓得喘不過氣的三十歲至三十五歲家庭主婦，或是有時間和經濟壓力的高齡男性等。

因此，**想讓論據支持主張，必須先假設對方的身分**，並站在對手的立場，找出能讓他對主張和論據產生共鳴的連結方式。

我們不是沒有邏輯，只是沒有陳述論據的習慣

接下來要談一點日本文化。假設我前面所述為真，邏輯的條件為提出明確的主張與論據，並確定論據是否正確的支持主張，那麼，日本人不擅長邏輯，也是無可奈何的事。

在日本，不管是學校教育或企業研習，都不重視教人如何清楚表達自己的意見。即使有機會發言，大家也都傾向做出不著邊際、模稜兩可的評論，想辦法蒙混過去。我們**之所以放任聽者自行解讀，是因為覺得這種做法最不會引起爭議**。

即使罕見的有人提出明確的主張，也大多沒有論據支持。更進一步說，即

使有論據支持，也因為缺乏普遍性，所以很難得到對方認同。

當然，個人差異也有關係，但普遍來說，歐美人的溝通模式就非常明確；明確的主張，和提出主張就要陳述論據，這兩種觀念早已深植在他們腦中。

很多人說，日本人和歐美人有溝通障礙，而且產生障礙的理由，是日本人的語言能力（以英語為代表）低落的緣故。但我認為最根本的原因在於，日本人只是在提出主張時，**沒有必須陳述論據的習慣**。

不是只有和外國人接觸才需要學習邏輯表達，現在各領域都已普遍實施責任制，在全球化競爭已滲透到日常生活層面的今日，學會邏輯表達已經是每個人都必須面對的課題。

最想強調的結論就放在金字塔的頂端

要幫助自己完成邏輯思考，最有效的工具就是「金字塔結構」。過去我在麥肯錫顧問公司擔任顧問時，經常使用金字塔結構。這個工具可以把前述的邏輯基本要素定型化，是一個簡單好用、通用性很高的思考架構。

金字塔結構既然是一種思考架構，它不僅可用在交涉，也能活用在報告書或簡報的設計圖上。接下來，我便為各位介紹金字塔結構的基本構造。

金字塔結構，其實就是一張可以增進邏輯思考的結論與論據的配置圖。首先，先把最想強調的結論（主張）放在金字塔頂端的位置。這個你**最想強調的結論**，就稱作**主要訊息**。無論用在交涉也好，簡報也罷，甚至報告書也好，最想傳達的核心訊息便稱為主要訊息。

接著在主要訊息下層，配置關鍵訊息。所謂關鍵訊息，就是直接支持主要訊息的論據。

關鍵訊息的數量大約三到五個最適當，兩個以下或五個以上，容易給人太少或太多的印象。假使有五個以上，必須再透過群組化加以界定，關於這點將在後面詳細說明。

圖3　金字塔結構的基本構造

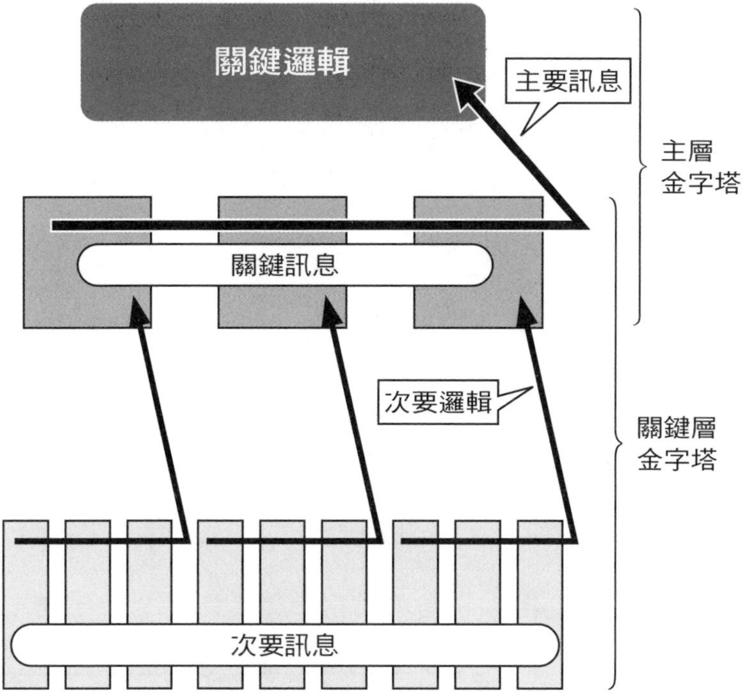

將主要訊息和關鍵訊息串聯起來，或把所有關鍵訊息串聯起來的邏輯，便稱作關鍵邏輯。由主要訊息和關鍵訊息所構成的金字塔，就稱為**主層金字塔**。

在設計交涉的主張時，成功關鍵便在於主層金字塔建構得夠不夠漂亮。

關鍵訊息的下層，則是配置次要訊息。次要訊息是支持關鍵訊息的論據。將關鍵訊息和次要訊息串聯起來，或把所有次要訊息串聯起來的邏輯，便稱作次要邏輯。由關鍵訊息和次要訊息所構成的金字塔，則稱為**關鍵層金字塔**。

金字塔結構的底部，以次要訊息來結束。理論上來說，金字塔的底部可以無限延伸，但就實務層面而言，最多只會在次要訊息的下層，再配置一個次次要訊息。換言之，主要訊息以下，最多配置三層已十分足夠。

想必大家已經了解金字塔結構的基本構造了。接下來，介紹兩個用來製作金字塔結構的技巧——「由下而上法」和「由上而下法」。

用主題分類來濃縮你的訊息

由下而上法恰如其名，是從底部開始堆疊，慢慢建構出金字塔結構的方法。首先，把數個具體的次要訊息分成幾個群組，每個群組都代表一種歸納過的訊息，接著再往上濃縮成關鍵訊息。最後，再以關鍵訊息為基礎，完成主要訊息。

使用由下而上法時，你必須不斷針對下層訊息提出疑問：「所以呢？」慢慢讓上層訊息浮現（請見第六九頁圖4）。

由下而上法的重點就是，**透過主題分類、也就是群組化，濃縮訊息**。

有邏輯的第一步，就是想出一個明確的主張，也就是訊息。我們在思考事情時，一開始通常各種想法會交錯在一起，很難整理出一個明確的主張。

要怎麼做才能制定出明確的訊息？就是透過主題分類群組化，濃縮訊息。

這個技巧可以幫助思考者，將次要訊息濃縮成關鍵訊息，再把關鍵訊息濃縮為主要訊息，是由下而上法中非常關鍵的手法。

所謂的主題分類群組化，是**根據某個理由，將各種想法分類**。而用來作為群組化的理由，便稱為主題。先想出一個聽者容易理解的主題，然後再進行歸納，這樣不但可以讓聽者容易理解，同時也能增加說者的說服力。

舉例來說，假設你面前有獅子、蝙蝠、蜥蜴、鴕鳥、飛蜥、海豚、海蛇、企鵝、鵰這麼多種動物，請試著把這些動物分門別類。若主題是種類，那麼獅子、海豚、蝙蝠就是哺乳類；蜥蜴、海蛇、飛蜥是爬蟲類；鴕鳥、企鵝、鵰則是鳥類。

若以棲息地作為主題，獅子、蜥蜴、鴕鳥會被分類在陸地；海豚、海蛇、企鵝會被分類在水中；蝙蝠、飛蜥、鵰則被分類在空中。

其他還可以用體重或食物等主題，作為分類依據。**用主題分類，就能塑造訊息的範疇**。

反過來說，當你想傳達某個訊息，一定能找到一個適合它的主題。

圖4　由下而上法

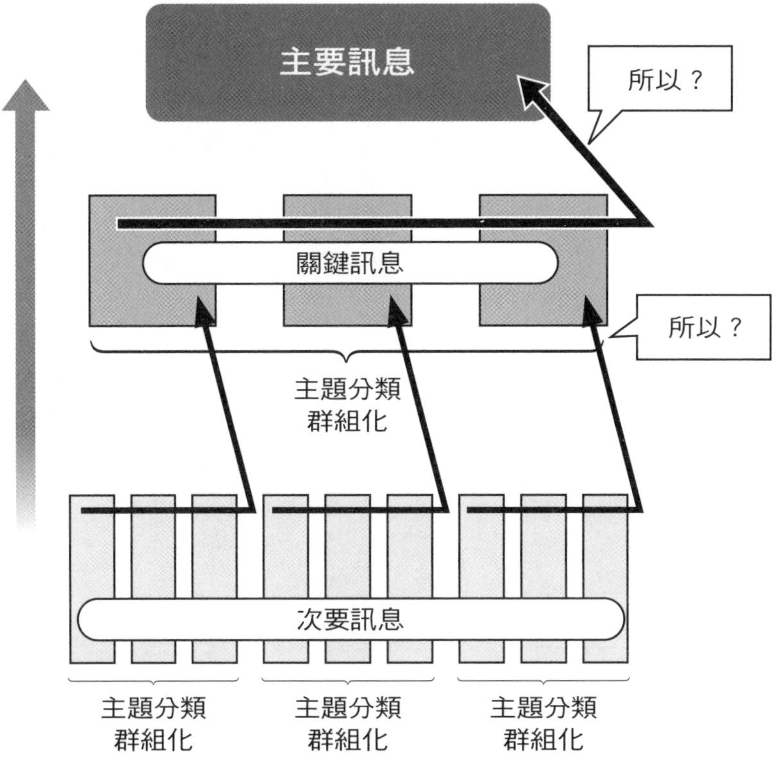

市場區隔就是依主題分類的群組化例子

主題分類群組化很簡單，但若能用富創造性的思考方式運用，便能發揮非常大的力量。比如，在經營策略或市場行銷策略中，思考顧客的市場區隔（分類）時，即是透過主題分類群組化。

近年由於社會轉變，許多仍使用傳統市場區隔法的業界（如按年齡、收入做區隔），已無法準確掌握住顧客的屬性，以至於無法推出適切的產品與市場策略。這時候，他們需要的，是重新制定一個能滿足新顧客屬性與需求的市場區隔法（用生活型態區隔）。

換言之，他們需要一套新的主題分類群組化方法。

這方法可以說是從發現問題、制定解決策略，到做決策等所有分析性思考，都必備的基本方法。任何領域都一樣，想理性分析和理解混亂的現實狀況時，第一步便要掌握整體結構。在此之前，你必須先收集個別現象的問題點，也就是次要訊息。接著，找出它們的共通點進行分類、整理，這就是前面提到，透過群組化濃縮訊息。

下一步，抽取出這些共通點的意義（關鍵訊息），進一步抽象化，便可萃取出問題的本質（主要訊息）。這就是以群組化作為基礎，透過由下而上法，建立金字塔結構的步驟。

當你知道自己想說什麼時，就用由上而下法

由上而下法，則是由一個主要訊息出發，然後替主要訊息找出能增加說服力的關鍵訊息。接著，再替每項關鍵訊息，尋求更下一層的次要訊息，來作為支撐。

使用由上而下法時，你必須透過不斷對上層訊息問「為什麼要這麼做？」來使下層訊息明確化。

由上而下法的重點，在於**不重複**、**不遺漏**。

一般而言，研究者在做科學研究的時候，會採用一個具備分析性、科學性的方法，叫做**假設思考**。在假設思考中，研究者必須先建立一個作為結論的假設（主要訊息），之後再透過適切的範疇（主題），進行實驗和觀察（關鍵訊息），檢查它是否有足夠的證據支持。此外，在進行實驗和觀察之前，研究者還必須先收集，與分析個別數據（次要訊息，請見左頁圖5）。

這樣的過程，其實和由下而上法建構金字塔結構的方法與步驟，可說是如出一轍。

由上而下法也是先從金字塔頂端、假設主要訊息出發，由上而下建構出金字塔結構。你必須不斷針對上層訊息發問「為什麼要這麼做」，再透過「因為……」的回答，使下層訊息明確化。

為了使主要訊息更具說服力，需要明確的關鍵訊息，以及支持每個關鍵訊息的次要訊息。因此，採用由上而下法的前提是，你必須先有一個主要訊息。

圖5　由上而下法

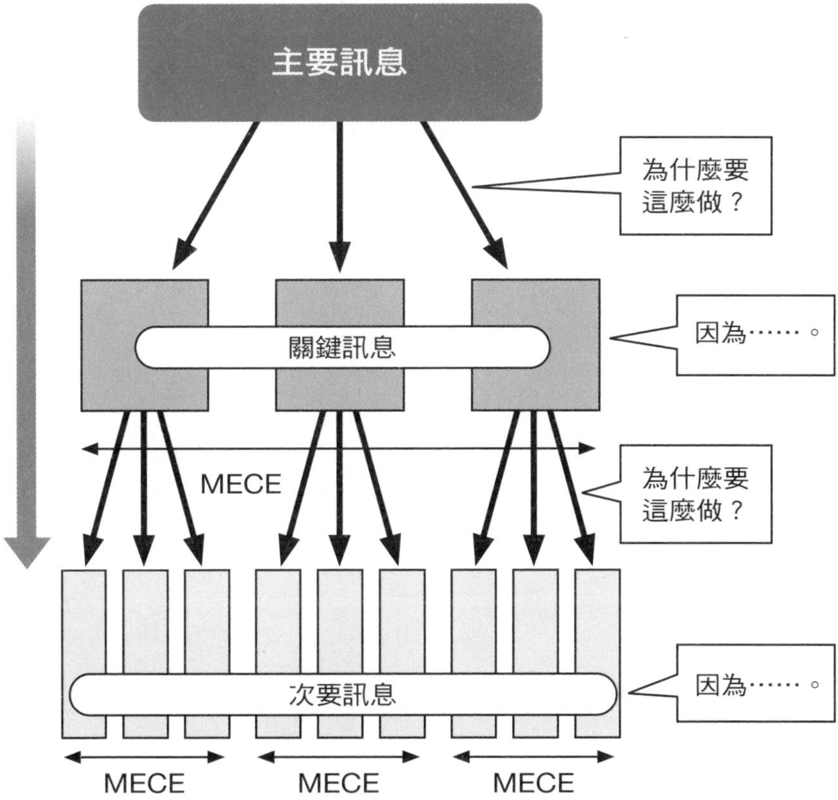

簡單來說，**當你已經很清楚知道自己想表達什麼時，最適合用由上而下法**來整理思緒。

因此，就一般順序來說，效果最好的做法就是先用由下而上法，做出假設性的結論，之後再用由上而下法檢視一遍。

使用由上而下法替商品做出行銷結構

於食品公司販賣企畫部門任職的A，要為最近開發的新商品X，進行行銷策略的交涉。

A就過去的經驗，已經先假設好主要訊息的內容——把X定位為頂級商品，設於高價位，並於著名的連鎖專賣店販售。

為了支持這項主要訊息，A想出三個關鍵訊息。接著，他針對這三個支持主要訊息的要素，不斷問自己「為什麼要這麼做？」，並藉著回答「為什麼要這麼做？」來對下層的關鍵訊息做主題分類。

●關於產品本身——把X定位成頂級品牌。

為什麼要這麼做？

因為頂級價位的品項目前空缺，可以趁機把X打造為市場上唯一的頂級商品。

●關於產品價格本身——把X設定成高價位。

為什麼要這麼做？

因為既然是頂級商品，價位的設定至少要高出舊有商品的五成，否則顧客不會買單。

●關於物流——於著名的連鎖專賣店販售。

為什麼要這麼做？因為透過在著名連鎖專賣店販售限定商品，可以提升整合X頂級商品的形象。

總結來說，A把主要訊息、也就是「把X定位為頂級商品，設於高價位，並於著名連鎖專賣店販售」這個主張，透過下面三個關鍵訊息提供支持：

- 頂級價位的品項目前出現空缺，可以把X打造為唯一的頂級商品。
- 既然是頂級商品，價位的設定至少要高出舊有商品的五成，否則顧客不會買單。
- 透過在著名連鎖專賣店販售限定商品，可以提升X頂級商品的形象。

就這樣，A成功使用由上而下法，建構出金字塔結構。

不懂行銷4P沒關係，只要不重複、不遺漏

A覺得自己想出的這三個關鍵訊息還滿不賴的，但是他突然想到：「這三個要素雖然沒有重複，可是有遺漏！我忘了宣傳手法了！」

針對產品、價格、物流三個面向，A成功制定出不重複的訊息，但他發現自己遺漏了相當重要的面向——宣傳手法。為此，A又提出了另一個關鍵訊息：「為了營造出高級的印象，必須在電視運動頻道，及高端產品的雜誌上刊登廣告。」以彌補這項遺漏。

其實，A在這裡使用的思考方式正是不重複、不遺漏，就是指相互獨立，互無遺漏（Mutually Exclusive, Collectively Exhaustive），又被稱為「MECE」的分析式思考。

A透過MECE的思考方式，發現自己漏掉宣傳手法這個重要的主題，補足了這項思考盲點後，他的金字塔邏輯就變得更具說服力。

假設A一開始便懂得行銷4P（產品〔Product〕、管道〔Place〕、價格〔Price〕、促銷〔Promotion〕）、這個具備MECE性質的思考架構，他應該當下就會發現自己漏掉行銷手法這部分。

但**即使不知道行銷4P，只要在思考行銷商品的步驟時，不斷問自己有沒**

有重複、遺漏的部分，依然可以找出思考的盲點。

在建構金字塔結構時，由下而上法與由上而下法應同時並用。透過不斷的捫心自問：「有沒有重複？有沒有遺漏？」並來回使用、檢視，就能打造出一座精美的金字塔結構。

用邏輯思考才能找出問題的正確解決方法

想要將混亂的事物整理得井然有序，一定要懂得邏輯思考。前面提到的金字塔結構，和不重複、不遺漏等思考方法，都能幫助你有效整理思緒，增加邏輯性。

但是，光有邏輯思考，問題並不會自動解決。想獲得解決問題的具體策略，必須先理解以邏輯思考為前提的解決方法。唯有透過基於邏輯思考的方法，才能找出正確的解決策略。

如前述，交涉是一種提高雙方滿意度的溝通過程。換個說法，**交涉也是一種期望同時解決雙方問題的溝通過程**。總而言之，希望各位能以邏輯思考為基礎，朝同時解決雙方問題的方向前進。

解決問題前，你得先找到「真正的問題」在於……

解決問題的第一步，是釐清你現在想要解決什麼樣的課題或問題。假如你連自己碰到什麼問題都說不清楚，就無法決定問題的方向。其次，若問題設定錯誤，即使最後找出解決策略，也將不具任何價值。**解決一個錯誤的問題並沒有意義，因為真正的問題仍然存在**。

假設我們把解決雙方問題的過程，當作交涉的過程，在選定問題時，就不能只考慮到自己，還要顧慮到對方面臨的課題或問題。至於要怎麼知道對方面臨何種課題，第五章會有更深入的探討。

除非你一開始就很清楚知道問題是什麼，否則想發現問題，必須經過嚴謹的狀況分析，才有辦法觸及問題的本質。

我們舉個日常生活的例子來說明。

某天，必須出門的A，看到氣象預報說下午會下雨。他往窗外一看，西邊的天空被烏雲覆蓋，溼度感覺也比平時高。大家若和A一樣，觀察到這些現象，會做出什麼樣的結論？

假設A分析這些狀況後，做出「今天應該會下雨」的結論。這答案或許過於簡單，但發現問題就必須像這樣，**根據現實狀況去分析**。

接下來，**在解決問題之前，A必須先找出一個問題**，才有辦法解決。在「今天必須出門，但好像會下雨」的狀況下，他會遇到什麼問題？

比較常見的有：

①今天應不應該帶傘？

②今天要帶哪種雨具出門？

③把範圍再擴大些：不想被雨淋溼，該怎麼做才好？

就一般日常經驗，多數人會問①的問題。但從觸及問題本質的觀點來看，③問得最好。因為③掌握了問題的本質，即直接出門可能會被雨淋溼。當然，③的前提是A不想被雨淋溼才行。

摸索出數個替代方案

像這樣，確立核心問題之後，再來思考如何解決。在這個步驟中，最重要的是摸索出數個替代方案，千萬不要有「就是它了！」這種想法，只想一個方案便結束。先不要對任何方案做評價，請列出所有你想得到的方法。

以A的例子來說，假使問題的基本設定為③，可能的替代方案有：

- 帶傘出門。
- 帶雨衣出門。
- 真的下雨了，再去附近的便利超商買雨傘。
- 躲雨。
- 坐計程車。
- 自己開車出門。

（由於A必須出門，所以「不出門」並不列入方案。）

用適切的評價基準選擇最佳方案

想出所有你想得到的替代方案之後，再以數個評價基準，篩選出最佳方案。所謂的評價基準，可能是擋雨效果、經濟性、即效性等；若是雨具，可能還牽扯到風格、攜帶便利性等；若是搭計程車或自己開車，交通工具的信賴性就會變成評價基準，因為可能會遇到塞車。

透過適切的評價基準，最後選出一個最佳方案。

以上就是最常用的問題解決技巧。當然，在思考如何解決問題的過程中，全程都必須具備邏輯思考的能力。

本章重點整理

- **邏輯性的三要素**
①明確的主張。
②有論據。
③論據要正確的支持主張。
- **怎麼做，論據才能正確的支持主張**
假設對方的身分，並站在對方的立場，找出一個可以讓他產生共鳴的主張和論據的連結方式。
- **金字塔結構**
邏輯思考的架構，結論（主張）與論據的配置圖。
- **製作金字塔結構的兩個手法**
①由下而上法：

・透過主題分類群組化，由下而上建構出金字塔結構。

・藉由不斷追問「所以？」使上層訊息明確化。

②由上而下法：

・透過「ＭＥＣＥ」，由上而下建構出金字塔結構。

・藉由不斷追問「為什麼要這麼做？」使下層訊息明確化。

搭配這兩種方法製作出金字塔結構。

ＭＥＣＥ：不重複、不遺漏。確認所有要素是否相互獨立，完全窮盡。

●用邏輯思考解決問題的流程

・確立課題與問題。

・摸索出數個替代方案。

・用適切的評價基準，選出最佳方案。

第3章

精準的表達有三大要件

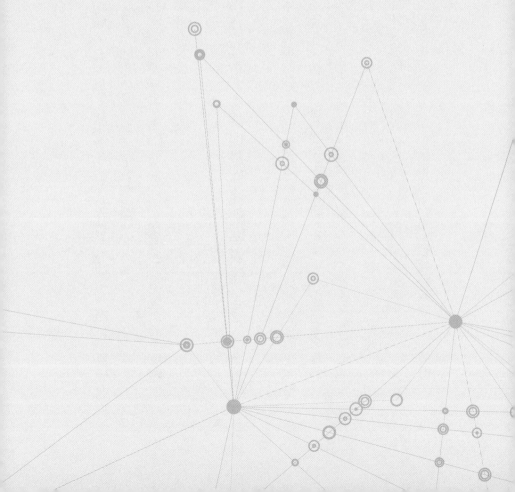

不管你多麼有邏輯，若訊息本身不夠明瞭，交涉就無法順利進行。為確保交涉過程具備邏輯，必須注意訊息的表達是否夠明確。

明瞭表達的相反，就是曖昧的表達。曖昧的表達會讓對方留下許多解釋空間，容易因對方的臆測與推論造成誤會。

曖昧表達只能用在戰術上，前提是你懂精準表達

一般而言，日本人對於曖昧表達的技巧十分熟稔。由於日本文化的密度相當高，是所謂高情境文化（編按：High-context culture；由人類學家愛德華哈爾〔Edward T. Hall〕在著作中所提出。在高情境文化中，許多東西都是不言明，留待文化做解釋）的一員，話不必說盡，彼此也能心意相通。因此，說話者在發送訊息時，即使表達曖昧，對方依然能有一定程度的理解。

但是，高情境文化要能有效運作，前提是對方也必須擁有相同的高情境文

化才行。不過，在與異文化接觸日益頻繁的全球化社會，人們即使身處同一文化圈，還是可能需要與身分背景完全不同的人進行交涉，因此上述前提已逐漸成為神話。

即使是兩間同業界、同為日系的企業合併，雙方人馬都還會因為公司文化不同，而引發巨大衝擊，更別說其他狀況了。這就是為什麼明瞭表達的技術，會如此受到重視。

即使自己和對方身處同一文化圈、同一業界，但雙方的文化背景依然可能存在著很大的差異。比如，即使同在金融業界，證券公司和商業銀行的文化就完全不同。兩者相比，證券公司比較像狩獵民族，而商業銀行則像農耕民族。高科技產業亦然，軟體廠商和硬體廠商的文化也是天差地別。所謂急件，對某間公司來說可能是兩到三天須處理，但對另一家公司而言，或許需要兩到三週的處理流程時間。

加強表達能力很重要，但並不意味我們就必須對曖昧表達視如敝屣。其實，**若把曖昧表達運用在交涉的戰術或策略上，往往能達到很好的效果**。但想將這曖昧作為戰術運用，有個前提，就是交涉者必須擁有非常扎實的表達技術。所以最好的狀況，當然是希望大家不管是曖昧或清楚表達，兩者皆能運用自如。

明確表達的三項變數

表達的變數並不多，只有三項，只要能精準掌控，便能將訊息清楚的傳達給對方，包括：

① 主詞和述詞要明確。
② 用邏輯連接詞。
③ 低抽象度。

①主詞和述詞要明確

思考訊息的時候，一定要找出主詞。我們寫文章有省略主詞的習慣，這種習慣強烈到讓人懷疑，我們是不是討厭主詞。

比方說，從小學的國語課就可以看出端倪。老師會一直訓練小學生要省略主詞，包括漢字的抄寫作業也是。抄寫作業原本是訓練學童學習漢字，但翻開內容便可發現，它同時也是一種省略主詞的練習：

- 過橋
- 蓋房子
- 去學校
- 讀書
- 寫日記

學習漢字不一定要靠這種片段式的句子練習，不是嗎？比方說，要學「橋」這個字，只要單獨練習寫「橋」即可。假如希望小孩除了會寫、會讀、還要會用的話，應該讓他們背誦完整的句子：

- 我過橋
- 木匠蓋房子
- 學生去學校
- 老師讀書
- 妹妹寫日記

像這樣，應該讓小孩學習主詞明確的句子。

照這樣看來，抄寫這項練習，與其說是讓學生學習漢字，不如說是讓他們逐漸習慣省略主詞的句子，喪失正確的語感。

有一次，我曾對某小學老師提起這件事，結果那位老師非常訝異，因為他從來沒想過這些句子欠缺主詞。

這位老師的反應絕對不是例外。我們若問自己，有發現平時說話會省略主詞嗎，大抵都會回答沒有吧。

有一派學說認為，日文原本就是沒有主詞概念的語言。先不論該學說是否正確，日本人有省略主詞的習慣是事實（編按：中文也一樣）。因此，學會清楚表達的第一步，請各位先從寫出、說出主詞明確的句子開始。

接下來，我們來看下面這個句子：「這份企畫應該積極推動。」在這個句子中，主詞是什麼？很多人可能認為主詞應該是「這份企畫」？錯！因為這份企畫不可能自己長出手腳來推動自己。

相較之下，它的述詞「推動」就清楚多了。那麼，做出推動這個動作的主體，究竟是什麼？

說到這，大家應該了解了吧。這句子根本沒有主詞，是一個欠缺主詞的例句。單就這個句子想像得到的主詞，可能就有本公司、本部門、我們。沒有人知道正確的主詞是什麼，因為它沒有被寫出來。

假設主詞是本公司，這麼一來「本公司應該推動○○」，這個基本句型就成立了。接下來要怎麼處理，這個句子才會變得更通順？只要把這份企畫看作目的格，「本公司應積極推動這項企畫」，像這樣，句子的結構便能完整。

當然，也可以改成「這份企畫應被積極推動」，把推動改成被動態的「被推動」。但即使文法正確，讀者仍無法確定，做出推動這個行為的主詞是誰。若要明確表示出由誰推動，就必須再加入說明：「這份企畫是透過本公司被積極推動。」但這樣又變成一句冗長又不通順的句子。所以，**我們在表達的時候，應盡量避免使用被動態，要用主動態表達**，句子才會通順、清楚。

其次，主詞和述詞的位置要盡量靠近，這樣「什麼事，發生了什麼變化」、「什麼是什麼」、「誰應該做什麼」，這些訊息才會更明確。

該怎麼拉近主詞和述詞？你可以縮短主詞和述詞之間的說明，或分段說明，另造一個新的句子，例如：

「他昨天參加公司尾牙的時候，和好幾個許久未見的同期夥伴，聊過去的回憶和互相報告近況，還聊到包括這次沒來參加的朋友，經過兩次續攤，結果忘了時間，錯過末班電車。」

這段話的主要句子為「他錯過末班電車」。但主詞的「他」和述詞的「錯過」，隔了六十幾個字，主詞和述詞離得太遠，使句子變得很難讀（到底是他還是同期夥伴錯過電車？）。試著**將主詞和述詞拉近，便能減輕讀者的負擔**，改為：

「他昨天錯過末班電車。因為他昨天參加公司尾牙的時候，和好幾個許久未見的同期夥伴，聊過去的回憶和互相報告近況，還聊到包括這次沒來參加的朋友，後來經過兩次續攤，結果忘了時間。」

這麼一來，不僅主要句子「他錯過末班電車」，主詞和述詞的關係明確，整句讀起來也變得清楚易懂多了。但是，「因為」之後的論據還是太冗長，仍有改善的空間。

②用邏輯連接詞

想確保主詞明確、訊息清楚，一定要使用邏輯連接詞。日文是著重曖昧的語言，所以時常過分濫用曖昧連接詞。由於曖昧連接詞並無法明確說明各訊息之間的關係，因此無法正確表達你想傳達的意思。

「本商品的市場處於成熟期，價格穩定。」以這句話為例，文中以曖昧連接詞「處於」做連結。這下問題來了，「本商品的市場處於成熟期」與「價格穩定」，這兩個訊息之間究竟是什麼關係？

很遺憾，只要用到曖昧連接詞，兩個訊息的關係就不可能被釐清。換言之，這兩句話到底是互不相關、各自獨立，還是有強烈的因果關係，讀者便無從判斷。

假設這兩個訊息各自獨立的話，可以改為以下例句，使用順接、追加情報的連接詞：

「本商品的市場處於成熟期，再加上價格又很穩定。」

「本商品的市場除了處於成熟期之外，價格也很穩定。」

「本商品的市場不僅處於成熟期，而且價格很穩定。」

另外，假設這兩個訊息是因果關係，會這樣表達：

「因為本商品的市場處於成熟期，所以價格穩定。」

「由於本商品的市場處於成熟期的緣故，所以價格穩定。」

「有鑑於本商品的市場處於成熟期，因此價格穩定。」

用曖昧連接詞寫文章好輕鬆，因為你不用想

大家不喜歡用邏輯連接詞最大的理由，就是寫文章很輕鬆，這是事實。換句話說，就是**使用者不需要深入思考**。

書寫者不必思考每個想法之間的關係，每個段落便能自然形成，對書寫的人來說，這實在樂得輕鬆。但就傳達明確訊息的觀點來看，用這種方式寫文

章，問題非常大。

以下面這句為例：「在本業界，法規持續鬆綁，國內各業態的共存狀態瓦解，競爭越來越激烈，外資增加，企業領導的難度提升，不少企業被迫退出，預估這種嚴峻的狀況將會持續下去。」這個例句共由八個組件組成：

①在本業界。
②法規持續鬆綁。
③國內各業態的共存狀態瓦解。
④競爭越來越激烈。
⑤外資增加。
⑥企業領導的難度提升。
⑦不少企業被迫退出。
⑧預估這種嚴峻的狀況將會持續下去。

這個句子確實傳達了在①的業界中，發生了②～⑦這幾件事，但這幾件事之間的關係卻不清不楚。若能使用適切的邏輯連接詞，將這八個組件之間的關係釐清，它就能變成一個清楚明瞭的句子。

首先，我們必須先弄清楚這幾個組件之間的相互關係。這項練習的重點在於，如何明確表達，所以無須從微觀經濟學的角度來嚴格檢視內容的正確性。

先來看②法規持續鬆綁，與③國內各業態的共存狀態瓦解之間的關係。這兩者看起來應該是因果關係，也就是法規持續鬆綁為因，然後產生了國內各業態的共存狀態瓦解這個結果。換言之，②為因、③為果。

接下來，我們來看④競爭越來越激烈。假使尊重原文的主張，導致競爭激烈的原因應該是②法規持續鬆綁，以及作為②的結果、③國內各業態的共存狀態瓦解。所以②+③為因，④為果。

那麼⑤外資增加？我猜，外資增加的起因應該是②法規持續鬆綁。但在原文中，②和⑤的距離有點遠，所以很難把這兩者視為直接的因果關係，反而第一個會關注的，是它與④競爭越來越激烈之間的關係，既然我們把⑤視為②的追加訊息，在這裡，④與⑤應該是順接的關係。

⑥企業領導的難度提升的論據，是④競爭越來越激烈，和⑤外資增加。因此，④+⑤為因，⑥為果。

⑦不少企業被迫退出的狀況，應該是②~⑥加總之後的結果，所以②+③+④+⑤+⑥為因，⑦為果。

⑧預估這種嚴峻的狀況還會持續下去，和①在本業界結合之後，變成預估在本業界，這種嚴峻的狀況將會持續下去。這項訊息可以說是整句話的結論，或說是總結整句話的摘要。

接下來，我們試著根據這些分析，將原文加以改善。

「在本業界，**由於**法規持續鬆綁，國內各業態的共存狀態瓦解，**導致**競爭越來越激烈。**再加上**外資增加，**使得**企業領導的難度提升。**在這樣的環境下**，不少企業被迫退出。預估在本業界，這種嚴峻的狀況將會持續下去。」

這個改善例子並非標準答案，也可能根據解釋的不同，會產生不同的詮釋。你想怎麼解釋都可以，重點是，若想把想法正確傳達給對方，一定要使用正確的邏輯連接詞。

我們不能期待對方替我們做這道改善的手續，因為這是訊息發送者的責任。

一位參加過高杉事務所主辦研討會的人曾說：「以前我一直以為商業文書應該多使用曖昧連接詞，現在才知道這是一場誤會。」

他說得沒錯，這誤會可大了。希望各位也可藉此警惕，從此告訴自己：「以後絕對要使用邏輯連接詞！」

用字要明確，否則形同將解釋權交給對方

我在本書將邏輯連接詞，視為明瞭表達的變數之一。事實上，從學習英文的觀點來看，邏輯連接詞也很重要。

英文本來就是一種主要透過邏輯連接詞構成的語言，所以我一直很懷疑，對於平時愛用曖昧連接詞的使用者來說，書寫英文時能自然轉換，熟練的使用邏輯連接詞嗎？

很多人問我：「我老是寫不出有邏輯的英文文章。」這時，我都會請他們捫心自問：「如果是用自己的母語，你就能寫出有邏輯的文章嗎？」我想答案大概都是「No」。

③低抽象度

某天，老闆對公司內部下令：「強化公司的經營能力！」但所有員工都不曉得該怎麼做，以致最後沒人採取行動。

於是老闆便自我反省道：「只說『強化公司的經營能力！』似乎太過抽象，難怪大家無所適從。」之後，他重新下了一道指令：「重新評估公司的業務體制！」

結果，某據點的業務員人數增加三倍，某據點的業務員人數減半；有的據點大幅調高業績目標，有的則大幅降低業績目標。全公司上下一團混亂，各彈各的調。

儘管這個例子有點極端，但我要強調的是，太抽象的表達方式，非但無法使對方採取行動，還可能使他做出與預期相反的行動。想避免這種情況發生，就要注意表達內容是否具體。

使用「經營能力」、「重新評估」等抽象的用語，表面上感覺很帥氣，但**把解釋權交給對方，其實是一件非常冒險的事**。想確保內容的明確度，一定要提醒自己多使用具體的語詞。

舉個例子，假使各位是製造端的負責人，某天從業務部門傳來以下請求：「供需落差不斷擴大，請調整生產！」各位會怎麼回應？

這句話中，最令人困擾的就是「供需落差」與「調整生產」，這兩個是抽象的用詞。一般我們提到供需落差，通常指的是供給過剩，但這只是使用習慣上的問題，畢竟法律沒有規定供需落差等於供給過剩；換句話說，對方也能解釋為需求過旺。

至於調整生產，一般多用於減產，但放在這句話中，由於抽象度過高，所以解釋成增產、減產都可以。像這種情況，為了避免產生誤會，應該表達的更具體：「供給遠大於需求，請減少生產量。」

否則聽者或許會誤解為：「他的意思是需求超過供給，所以要求我們增產。」

這些太抽象的詞彙，請慎用

交涉的時候也一樣，我們常在商務文書中，見到這些高抽象度的詞彙：

- 推動
- 促進

- 重新評估
- 建構
- 強化
- 增多
- 合理化
- 活性化

說到這裡，可能有些讀者會感到沮喪：「原來這些字都不能用，真傷腦筋。這樣從明天起，我就一個字也寫不出來了。」

但我的意思絕非禁止大家使用這些詞彙，而是使用時，必須視情況加入具體的說明，才不會讓對方誤解你的意思，做出錯誤的行動。

以上就是確保表達的三項變數，只要大家能熟練的操控，便可傳達明確的訊息給對方，並不招致誤解。平時請多多練習，養成這個習慣。

本章重點整理

● 明確表達的三項變數

①主詞和述詞要明確：

・清楚表示句子的主詞。

・盡量縮短主詞和述詞之間的距離。

②使用邏輯連接詞：

・連結前後句子時，避免使用不明確的曖昧連接詞，盡量使用明確的邏輯連接詞。

・曖昧連接詞——而、於。

・邏輯連接詞——……的結果、儘管、自從、除了……之外。

③降低表達的抽象度：

・不使用抽象詞彙，盡量具體表達。

・不得已使用抽象詞彙時，必須加入具體說明。
・抽象詞彙──推動、促進、重新評估、建構、強化、增多、合理化、活性化。

第2部

培養交涉的能力

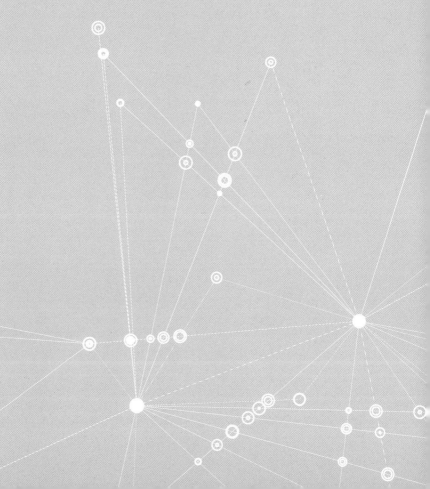

第4章

這樣收集情報，加上替代方案

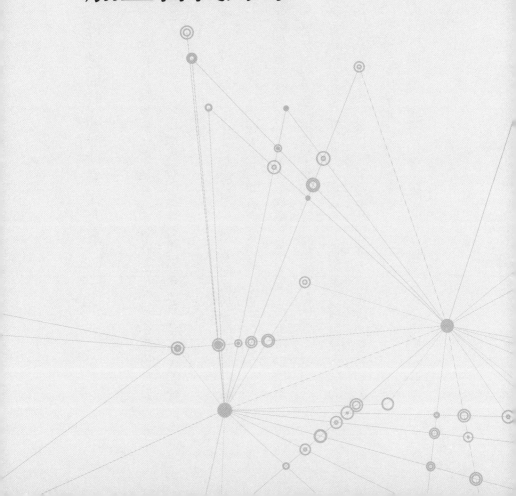

BATNA——交涉破局時的最佳替代方案

交涉要成功，有一個概念很重要，就是BATNA（Best Alternative To Negotiated Agreement），意思是**交涉破局時的最佳替代方案**。BATNA的好壞，對交涉者的交涉能力有很大影響。

假設各位現在是Z電腦公司的零件採購專員，公司要你採購號稱電腦心臟的中央處理器（CPU），所以你正與A公司的負責人談購買條件。

這裡我們先設想幾個假設性的BATNA。假設交涉破局，你也可以用不差的條件，向B公司或C公司等其他廠商，買到同等品質的CPU。

也就是說，就算你與A公司交涉破局，也還有其他備案。這時候，你的BATNA就極有可能以相當不錯的條件，向多家公司購入同等級的產品。這麼一來，你在與A公司交涉時，態度上就能更堅定。

現在我們來假設另一個情境。假設你要採購的CPU只有A公司在製造，再加上除了自己的公司之外，還有多家公司也非常希望向A購入CPU。請問當你與A公司交涉破局時，最佳替代方案是什麼？

如果無法從其他公司採購相同的產品，這時你的BATNA便無法採購到必要零件，結果可能導致公司的競爭力大幅下滑。這麼一來，你和A公司交涉時，必定占下風。

我們以找工作為例，思考BATNA的好壞，會為交涉者帶來什麼影響。

假設X對目前的工作還算滿意，雖然不至於每天神采飛揚，但也沒有特別不滿，待遇也還行。某天，獵人頭公司介紹他去一間外商金融機構應徵。在這種情況下，X要如何和獵人頭公司及外商金融機構交涉？

X現在的工作很穩定，即使交涉破局，他還是能待在原來的公司，所以他的BATNA很簡單，就是繼續做目前這份工作；除非對方提出很好的條件，否則不考慮換工作。也就是說，X在面臨交涉時，態度可以更堅定。

相較之下，Y的運氣就沒那麼好了，他遭公司裁員，面臨失業。後來雖然有投履歷，但總是找不到適合的工作，而且存款越來越少。現在，他正和W公司面試。試問，Y的BATNA為何？

很遺憾，他的BATNA是面臨存款持續減少，維持失業的狀態。可想而知，他與W交涉時，絕對不敢把條件談得太高。

即使你有很多替代方案，交涉時也只能擇一

如上所述，**BATNA就是交涉不成立時的替代方案**。我們在評價BATNA是好是壞，**和評價一般的替代方案一樣，別認為它有累加的效果**。

比如，你現在要賣掉自己的舊車。針對賣掉這個行為，替代方案有很多，可能是繼續開舊車、給家人使用、放著不管等。但千萬不可仗著自己有很多替代方案，便輕易認為：「反正我有這麼多替代方案，交涉時可以強勢些。」即使事先準備許多替代方案，在正式談判前，你也只能從中擇一；從數個替代案

中選出最佳的一個，這就是你的ＢＡＴＮＡ。

替代方案必不如原案，不該是你爭取的目標

ＢＡＴＮＡ是交涉破局時的最佳替代方案，它的好壞將大大影響交涉力，這點我想大家已經了解。因此，想從ＢＡＴＮＡ評估自己的交涉能力時，必須十分謹慎，不可過度樂觀，也不要太悲觀。**評價自己的ＢＡＴＮＡ時，最好具備冷靜的分析與良性思考**。關於良性思考，將於第六章詳述，它指的是「能這樣最好，但也有可能不會實現」，是一種**兼具現實性與相對性的思考方式**。

還有，記得別過度悲觀。絕望、悲觀的思考，是交涉的大敵。即使乍看之下覺得自己的ＢＡＴＮＡ不是很好，也得冷靜看待，從中找出能提高交涉力的要素。

我們重新回想剛才採購ＣＰＵ的例子。Ｚ公司需要的ＣＰＵ只有Ａ公司會

做，對Z公司來說，交涉破局的最佳替代方案就是，無法採購到必要的零件，而這結果可能導致Z公司的競爭力大幅下滑。

假設這個BATNA正確，那麼你與A公司交涉時，就不可能保持堅定的態度。但這並不代表你就得沉浸在絕望、悲觀之中，任A公司予取予求；這時你應該更積極的探索能提高交涉力的要素，以提高雙方滿意度。

以這個例子來說，什麼樣的要素對Z公司來說會加分？

例如，一家公司的地位與品牌印象，就是一個很好的切入點。假設Z公司是該業界的巨擘，對A公司來說，自家的CPU能夠搭載在Z公司的電腦上，或許能提升產品價值。假使Z公司在業界屬於小規模，也能利用小規模的優勢，不用害怕A公司會提出明顯劣於其他競爭對手的條件；因為A公司這麼做，可能會牴觸《公平交易法》（按：指削價競爭）。

另外，Z公司可能還會向A公司購買其他零件或產品，這時便可透過包裹交易，提升我方的魅力。當然，你不能強迫A公司接受包裹交易，這種搭售行為有違《公平交易法》。

總之，只要努力尋找，一定可以找出提高交涉力的要素。重要的是，不要感到絕望、悲觀。那麼，Y的情況又該怎麼辦？

遭到公司裁員、失業的Y，他的BATNA是存款持續減少，維持失業狀態，現正和W公司面試交涉中。在這種狀態下，他或許無法抱持太高的期望，但這並不表示，他就必須毫無選擇的接受明顯劣於他人的條件。這時他可以思考，自己的經歷是否有完全展現出來？因為人一旦怯弱，很難看到正面的事物，不僅如此，甚至還會過分放大自己的缺點。

對Y而言，最重要的是如何將自己過去的經歷，做出差異化，彰顯自己與他人的不同之處，並積極包裝自己，讓自身經驗顯得很特別。縱使自己沒意識到，但每個人一定都有長時間培養出來的特殊技能或知識，千萬不要一開始就認為：「我什麼都不會！」然後陷入絕望、悲觀的情緒之中。

絕望、悲觀，屬於自我實現層面的思考。簡單來說，**一開始就認為辦不**

到，**會令人無法產生努力的動機**。這麼一來，不僅勝率會降低，假使最後真的出現不好的結果，當事人更會在心裡加強這種認同：「我果然很沒用。」換言之，**內心篤定自己辦不到的人，最後真的會失敗**。

請盡量找出自己的資產，一定可以發現突顯自我的要素。

情報力就是交涉力

除了BATNA，還有另一個影響交涉力的要素。

什麼是交涉力？當交涉陷入膠著，**交涉力就是如何讓對方做出讓步的能力**。假設把交涉視為提高雙方滿意度的共同目標，交涉力便算是一種**解決問題的能力**。

無論是哪種情況，情報都是影響交涉力的重要關鍵，簡單來說就是「Knowledge is negotiation power.」（知識就是交涉力）。

品質好、正確、重要的情報，絕對是多多益善。在設想自己或對方的BATNA之前，必須先取得確切的情報。但若不經挑選，只一味埋頭苦幹的收集情報，實在稱不上是有效率的做法。

首先，你應當收集能賦予主張正當性的情報。因為我們在表達時，不能只是羅列出一連串情緒性的主張，這樣太欠缺說服力。你應該收集一些，能**證明自己的要求具備正當性**的情報。以金字塔結構來說，即為收集**次要訊息**層級的情報。

最重要的情報，便是與該次交涉類似的案例或判例。以不動產買賣來說，最近的成交案件是最具說服力的情報。企業的收購價格也一樣，需要最近成交案件的情報；租金交涉也需要同業提供的情報。

最好的例子，莫過於小孩了——「全班都有手機，只有我沒有。好啦，買給我啦，拜託！」

懂得活用類似案件情報的交涉者，會向對方強調，現在的狀況和類似案件有多麼相像。相反的，對類似案件情報持否定態度的交涉者，則會強調本次交涉的獨特之處，以及與類似案例的不同之處。

交涉前，除了收集對方的情報，也得盤點自己狀況

交涉時，我們一定會和對方碰面，因此收集對手的情報也很重要，包括：

- 交涉對手有過什麼樣的經歷？
- 他過去有交涉破局的經驗嗎？
- 他以及他的組織有時限壓力嗎？
- 交涉對手的價值觀與關心的事物為何？
- 他的組織結構為何？
- 誰擁有最終決定權？

- 交涉對手在交涉中的立場為何？
- 他的權限到哪裡？
- 交涉破局時，對方會怎麼做？
- 之前面對類似的交涉，他如何應對？
- 他們重視的爭議點為何？

收集對方的情報時，不一定得侷限在與交涉相關的情報，包括他所屬的企業，以及事業發展的領域、市占率、銷售動向、市場區隔情報、技術能力的強項與弱點、財務體質等，這些與交涉沒有直接關係的基本情報，也要在交涉前牢牢記在腦中。

一般來說，**當交涉開始後，我們很難再從對方身上獲得情報**。交涉一旦展開，通常對方會採取防禦姿態，因此，最好在之前就盡量收集好相關情報。

至於要從哪裡收集情報？如果對手是企業，你可以從他們的客戶下手，或跟他們的競爭對手收集情報。除此之外，你還可以透過信評機構或證券公司，來收集對方公司的情報。

當然，你也可以使用付費的新聞檢索服務。除此之外，網路已是現今不可或缺的情報來源，你可以透過 Yahoo（奇摩）、Infoseek（編按：日本樂天所經營的免費資源網路社群）、Google（谷歌）等這些主要的搜尋引擎，雖然品質良莠不齊，但可以收集到相當大量的情報。許多新聞臺網站，也附有新聞檢索功能，可多加利用。

另外，別光是注意對方的情報，而忘了收集、整理與自己相關的情報：

- 自己有什麼樣的知識和經驗？
- 有時限的壓力嗎？
- 可以退讓或難以退讓的爭議點為何？
- 在組織內部的交涉對手是誰？

●交涉破局後的最佳替代方案為何？

不要過度相信自己，盡量客觀的整理關於自身的情報，以確定立場。這一點同樣希望各位在交涉前就想清楚，並充分預習。

交涉力是一種心理現象，有信心就贏一半了

不管是BATNA，或關於自己、對方的情報，重要度都由當事人決定。也就是說，只要你相信「我擁有強大的交涉力」，交涉時態度自然會變得比較積極；對於對手的干擾也能不為所動，保持冷靜。如此一來，就有很高的機會，在交涉中取得優勢。

相反的，若覺得自己根本沒什麼交涉力，態度自然變得比較消極，說不定最後還會做出不必要的讓步。換言之，**交涉力是一種關於自我實現的預測**。簡

單來說，**所謂交涉力，根本只是一種心理現象**。

為了證明這點，美國曾進行一項關於交涉的實驗。研究者將一群擁有同等交涉技術的人分成A、B兩組，並給予所有人同等的情報量。但研究者私底下對A組的人說：「你們獲得的情報量比B組的人多。」接著，對B組的人說：「A組的人比各位擁有更豐富的情報，你們只得到有限的情報。」

換句話說，兩邊的人都相信A組擁有較多情報，但實際上，他們獲得的情報量一樣。

接下來，研究者讓兩組成員進行虛構的價格交涉。結果，相信自己擁有較多情報量的A組成員，成功讓B組成員做出大幅度的讓步，即使他們實際獲得的情報量是一樣的。

這個實驗結果顯示，對自己交涉力的信心，確實會對實際交涉造成影響。

當對手誇大你的交涉能力，就是要他讓步的機會

即使知道有信心的人交涉力較強，但傷腦筋的是，該怎樣讓自己相信「我擁有強大的交涉力」呢？

光是對自己信心喊話：「我有很強的交涉力」，也不會使交涉力突然大增。若沒有確切的論據，即使再多正向思考，也很難產生自信。

這時候，你必須以相信自己擁有增強交涉力的要素為前提，絞盡腦汁去篩選出可增強交涉力的具體要素。其實這項作業就是前面介紹過的，要思考自己的BATNA為何，例如：

- 我擁有什麼樣的知識或經驗？
- 不管對手會不會做、出來的結果好或不好，哪些行為會對我造成困擾？
- 對手有沒有時限的壓力？

- 組織的結構為何？
- 對手在交涉中處於什麼樣的立場？
- 交涉破局時，對手會怎麼做？

另外，**若對手誇大你的交涉能力，不必糾正他**。也就是說，假如賣方認為買方有可能向其他公司購買時，買方其實不用刻意告知對方：「其實我們只能跟你們買。」因為這是弱化自己的交涉立場，等同於做出重大讓步。

即使因為某種理由，你必須糾正對方的誤會，也要努力從中尋求迫使對方讓步的可能。例如，把無法向其他公司購買這個事實，轉換成比較積極的說法：「我們只跟貴公司購買。」接著，藉由強調這門交易的獨占性，引誘對方在價格、支付條件、配送成本等項目上做出讓步。千萬不要表現出內疚的樣子，以免被別人識破自己只是在虛張聲勢。

總之，只要努力思考，一定可以找出增加信心、提高交涉力的條件。

本章重點整理

● BATNA就是交涉破局時的最佳替代方案

・好的BATNA：態度能更堅決（交涉力強）。

・不好的BATNA：態度容易變得軟弱（交涉力弱）。

● BATNA只能選一個

替代方案沒有累加的效果。

● BATNA不佳時該怎麼做

・不要陷入絕望、悲觀。

・保持冷靜的分析與良性思考。

・不要放棄，盡量找出能提高自己交涉力的要素。

● 情報力就是交涉力

・收集能增強自己主張正當性的情報。

・在交涉展開前，收集對手的情報。
・客觀找出並整理關於自己的情報。

相信自己擁有強大的交涉力

篩選出可增強交涉力的要素（亦即思考自己的ＢＡＴＮＡ）：
・我擁有什麼樣的知識或經驗？
・不管對手會不會做，出來的工作結果好或不好，哪些行為會對我造成困擾？
・對手有沒有時限的壓力？
・組織的結構為何？
・對手在交涉中的立場為何？
・交涉破局時，對手會怎麼做？

第5章

摸清對方需求，SCQA分析

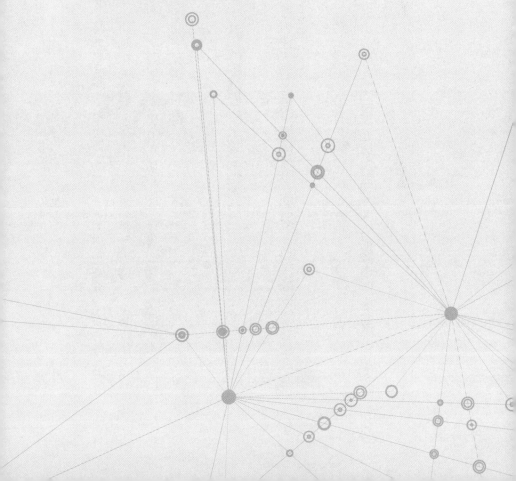

人為何需要交涉？無非是為了滿足自己的需求。本書將交涉定義為提高雙方滿意度的溝通過程；所謂提高滿意度，指的就是滿足雙方需求。而每個人或組織的需求，大都不相同。正因為雙方的需求不同，一場成功的交涉，應該同時提高雙方滿意度、達成雙贏局面才對。

知道對方的需求，就能把他拉上談判桌

既然交涉是滿足雙方需求的溝通，意味著交涉者對於對手的需求必須非常敏銳。

想要理解人或組織的需求，最有名的方法，就是美國心理學家馬斯洛（Abraham Maslow）提出的「人類需求五層次理論」。根據馬斯洛的研究，人類的需求分成五個層次：

- 第一層次——**生理需求**。
- 第二層次——**安全與穩定的需求**。
- 第三層次——**愛與歸屬的需求**。
- 第四層次——**自尊心的需求**。
- 第五層次——**自我實現的需求**。

我們試著把馬斯洛的人類需求五層次理論，套用在組織上面。

第一層次的生理需求，對人來說是活著所需最低限度的食物、空氣和水等，對組織來說就是成立事業所需的資本、店面、設備，以及擁有一定人數的員工。

第二層次安全與穩定的需求，對組織來說是利益的確保、競爭力的維持、足夠的周轉資金、維持平等。

第三層次愛與歸屬的需求，對組織來說是參加某業界團體，或與社區建立友好關係。

第四層次自尊心的需求，對組織來說可能是被某業界團體表揚；對從業人員來說，可能是各式各樣的職稱與責任。

第五層次自我實現的需求，對組織而言或許是成為業界龍頭；對從業人員來說，可能是透過研習課程來追求自我啟發，這些都是自我實現的具體例子。

我們再試著用言語，表達馬斯洛的人類需求五層次理論。

「肚子餓，腦袋一片空白，先吃飯再來想吧。」、「睡眠不足，昏昏沉沉的，今天早點睡吧。」這些都是第一層次的生理需求。

「有人開出不錯的條件要挖角我，但現在待的這間公司是大企業，業績也很穩定，還是不要冒險，繼續留在這裡吧。」這指的是第二層次，安全與穩定的需求。

「都市生活確實比較多采多姿，但還是不搬了。家人和朋友都住在這裡，要是搬到都市，一個人會很寂寞。」這是第三層次，愛與歸屬的需求。

「新公司雖然規模不大，但我可以獲得更大權限。當然，責任也會變得更重，但至少比現在來得有成就感。」這是第四層次，自尊心的需求。

「繼續做這份工作依然可以累積經歷，但為了挑戰自我，我決定出國拿個MBA。」這就是屬於第五層次，自我實現的需求。

無論是組織或個人，都是先有某個希望被滿足的需求，然後才需要交涉。**即使對方沒有交涉的意願，只要以對方的需求為訴求，還是有可能將他拉上談判桌**。因此，若能事先分辨對方的需求屬於哪種，必能使交涉過程更加順利。

在美國曾發生一個有趣的案例。購物中心的開發商對郊外某塊地非常感興趣，但地主對購物中心或賣地，一點興趣也沒有。地主年事已高，也累積了相當可觀的資產，因此對於賺錢感到意興闌珊。

於是，開發商提議用地主的名字，為購物中心命名。結果地主非常喜歡這個提案，便答應上了談判桌。

開發商將訴求的重點，擺在第四層自尊心、與第五層次自我實現的需求。

像這樣，有時候**把需求層次拉高**來談，也能產生不錯的效果。

個人與組織的需求，有時是對立的

為了方便說明，我將需求粗分為個人與組織，但實際交涉時，個人與組織的需求常會交錯出現。因為交涉者也是人，考慮到組織的需求，是為了完成任務，但同時他們也會顧慮到自己的需求。

有時候，這兩種需求是對立的。比如，組織非常希望交涉能成功，但位在第一線的交涉者，可能因為不滿對手的無理，導致交涉破局。

又比方說，某個交涉者已計畫好隔天去度假，所以為了能當天成交，他草草做出讓步。但從組織的角度來看，當然希望交涉者能多堅持一下，多為組織爭取一些利益。

如上述，交涉時，組織與個人的需求，時常交錯出現，交涉之前最好先意識到這點。

用SCQA分析法，找出對手的需求

當我們把交涉視為提高雙方滿意度的溝通時，思考對手關注什麼，就顯得非常重要。因為只要我們**找出對手關注的重點**，並朝此方向著手，便能提高對手的滿意度。只要對方的滿意度提高，也會盡可能滿足我們的需求。

想找出對手關注的重點，除了注意前面提到的個人或組織需求之外，在交涉一開始，就必須積極的聆聽，以及努力挖掘出對手關心的事物。

最理想的是在準備階段，就找出對手關心的重點。當然，這只是假設，交涉開始後才能驗證假設是否為真。

接下來，我介紹一個很好用的方法——**SCQA分析**（Situation, Complication, Question, Answer Analysis），這方法讓大家在準備階段，就能猜測出交涉對手關心什麼。

這套分析法和金字塔結構一樣，都是發展自經營顧問公司的思考工具之一。具體來說，是**透過描述對方的心理，以疑問句找出對手感興趣的項目**。

SCQA分析的第一個步驟，就是確認交涉對手的具體形象。

第二個步驟，則是描述對手從過去到現在曾經歷過的狀態。這就是SCQA中的S（Situation，狀況）。

第三個步驟是假想一個顛覆穩定狀態的劇本。設想一個問題，使對手受挫，顛覆他目前的狀況。此為C（Complication，障礙）。

接下來，以疑問句的方式思考，從S到C的過程中，對手可能對什麼樣的課題最關心，這便是第四個步驟（Question，疑問）。這個Q是為了突顯對手最關心的課題所做的提問。

最後第五個步驟，是思考出Q的答案。在提高對方滿意度的前提之下，找出他最關心的A（Answer，答案）。在交涉過程中，由我方主動提出這個答案是最理想的。

大多數的情況下，我方會在交涉之前就決定提案。重點在於，如何在適當的時機點，也就是**在對手渴望獲得答案時提出方案**。

用SCQA分析「桃太郎」

我以家喻戶曉的「桃太郎」故事為例，為大家說明SCQA分析的流程。

「很久很久以前，在某個地方住著一位老爺爺和一位老婆婆。」以SCQA分析來說，這個開頭是為了確認交涉對象。

「每天，老爺爺會上山砍柴，老婆婆則是去河邊洗衣服。」這是描寫交涉對象處於穩定狀態的S（狀況）。

「老婆婆去河邊洗衣服時，看到一顆很大的桃子，順著河流搖搖晃晃的漂過來。」這就相當於顛覆穩定狀態的C（障礙）。

「老婆婆，接下來妳會怎麼做呢？讓這顆桃子從妳眼前漂過？還是把它帶回家和老爺爺一起吃掉？」這是反映當事者、也就是老婆婆所關心的事物Q（疑問）。

而老婆婆的反應就是A（答案），例如可能是「這是千載難逢的機會，我要把它帶回家」，或是「這種來路不明的東西，還是不要碰比較好」等。我們可以從S到C的過程，假設對手關心的Q為何。

你的答案要回答到對方的問題才行

思考A（答案）之際，必須注意A是否有直接回答到對手的Q（疑問）。比方說，對手的Q是「為何訂單減少」，若回答他「做市場調查」，稱得上是答案嗎？

的確，做市場調查是行動提案之一，但並非最終答案。回答做市調，就等於告訴對方「我不知道答案」，這個提議不過是提出獲得A的方法之一而已。

同樣的，若對方的Q是「該怎麼做才能增加訂單」，回答「請顧問擬定策略」，也不算最終答案，這答案和剛才回答做市調的性質一樣。

那麼，以下這狀況又怎麼說？

第一代創業者年事已高，有人問：「有沒有什麼方法，可以讓老闆辭去董事長的職務？」請分析下面答案是否達到A的標準。

「請老闆擔任榮譽會長。」看起來似乎是不錯的答案，各位覺得如何？

很遺憾，這答案仍遠不及A的標準。因為，要請老闆擔任榮譽會長之前，還是得想辦法讓他辭去董事長的職位。如果老闆兼任董事長和榮譽會長，就一點意義也沒有了。換言之，這個答案還是無法解決問題，離A的標準還有很大一段距離。

那麼，什麼樣的答案（A），才算是直接回答到這個問題？

A的候補選項不外乎有，「請他的朋友說服他」等軟性手法，或是「透過董事會免除他的職位」等硬性手段。

請老闆擔任榮譽會長這個答案，可以當作說服的手法之一，但不是讓老闆辭職的方法。

設想對手關切的各種問題，並排好優先順序

交涉時不只要考慮到A是否為Q的根本答案，甚至在設想Q的時候，都要考慮到它是不是對手最關心的項目。

比如，C超市的營業額有逐漸減少的傾向，假設他們的Q是「營業額減少的原因為何」。由此推論，對方關心的事項，便鎖定在營業額減少，進而推測他們可能很想知道其中原因。

但換個角度想，說不定他們真正關心的重點是怎樣提升營業額。所以當我們在假設對手的Q時，不要太急著下結論。**你可以事先設想幾個對方可能關心**

的Q，然後在交涉過程中，確認這些Q的優先順序。

接下來的具體例子，可以讓大家了解，直接回答到對方的Q，和沒有直接回答的交涉效果，差異有多大。

Y是某大型製造商的工廠廠長，他正打算將工廠中還堪使用、但較舊的設備，全部替換成最新型的。為此，他必須和公司的經營團隊進行交涉。

Y是工程師出身，長年從事製造業，若不稍加注意，很容易在報告時偏重於技術層面；比如冗長的解說現在使用的設備，在技術上有多麼落後，新的設備多好用等。但這麼做的效果並不好，他應該利用SCQA分析的技巧，說服經營團隊。

首先，必須確認交涉對手的具體形象。比方說，這個經營團隊是一個面臨全球化競爭、承受來自機構投資人（股東）要求提高企業價值的壓力，並受僱於公司的經營團隊。

再者，假設他們的S（狀況），是不斷降低成本，以維持一定的競爭力。

而他們的C（障礙），可能是泡沫經濟導致產品價格遭到破壞，其影響一直延續至今。成本削減的壓力，絲毫沒有減輕的跡象，公司越來越難維持競爭力。

照這個邏輯看來，他們的Q大概脫離不了：「該怎麼做才能在將來繼續維持競爭力？」

換句話說，若Y可以在交涉中提供Q的解答，交涉成功的機會就非常大。我會建議他說：「新設備的生產性極佳，甚至可以抵消對手低租金的優勢，增加我們的競爭力。」或是：「它可以製造出競爭對手無法模仿的高品質產品，一口氣大幅提升競爭力。」

當然，有時我們心裡這麼想，卻不一定說得出口，還要視現實的狀況而定。但是，盡量針對經營團隊的Q，提出A作為解決方案，告訴他們引進新設備將如何解決問題，絕對比冗長的說明新設備規格來得有效。

本章重點整理

- **交涉就是為了滿足雙方需求的溝通**

  思考交涉對手的需求為何。

- **人類需求五層次理論**

  ①生理需求。

  ②安全與穩定的需求。

  ③愛與歸屬的需求。

  ④自尊心的需求。

  ⑤自我實現的需求。

- **個人的需求與組織的需求**

  有時候個人與組織的需求是對立的。

- **用SCQA分析，讓對手的需求無所遁形**

①首先，確認交涉對手的具體形象。

②描寫交涉對手的狀況（S：Situation）。

③設想顛覆穩定狀態的劇本（C：Complication）。

④從S到C的過程中，找出對手最關心的課題，並以疑問句提出問題（Q：Question）。

⑤針對④的提問，思考解答（A：Answer）。

＊注意A是否有直接回答到Q。

＊多想幾個Q，並在交涉過程中確認它們的優先順序。

＊A最好能在交涉過程中成為我方的提案。

第6章

練習平常心，不讓對手利用你的負面情緒

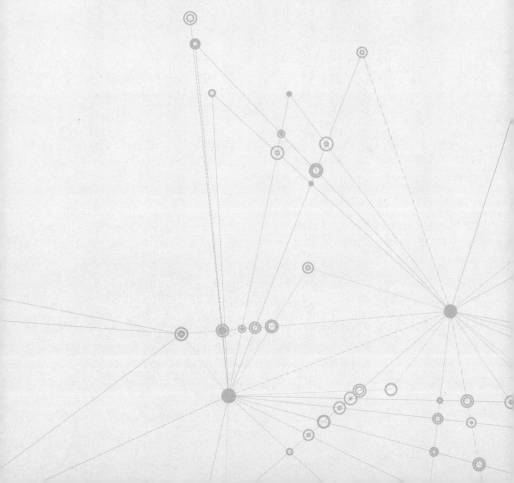

優秀的交涉者得強硬，但不是固執

我們常把優秀的交涉者稱為「Tough negotiator」（強硬的交涉者），但我想會有人誤會，以為強硬指的是絕不讓步、固執的意思。

假使優秀的交涉者，本質是固執的話，那麼，誰都可以成為優秀的交涉者，不是嗎？因為不管面對何種狀況，我們只要一味的重複自己的主張，堅決不退讓就行了。

我想會這樣誤解的人，都是基於一個錯誤的觀念，以為強硬即等於固執。當然，有時候固執到底，說不定最後對方真的會屈服，做出更多讓步。短期來說，強硬的一方確實有機會贏得勝利。

但被迫讓步的一方，內心絕對無法獲得滿足。未來，他可能會用別的方式報復回去。固執到底，來讓對手屈服的交涉手法，實在稱不上高明。因為它並不是提高雙方滿意度的溝通，只是單方面的滿足自己。

交涉者具備的毅力應該是：**即使在沒有任何退讓空間的狀況下，雙方依然能保持柔軟的思考力，想出一個雙方都能接受的方案。**

交涉需要心理韌性

美國的運動心理學家詹姆斯．洛爾（James Loehr）博士，是一位非常著名的運動諮詢師，專門為運動員進行一種融合意象和肌力的訓練，稱為堅韌訓練（Toughness Training）。

詹姆斯．洛爾認為健全的肌肉與精神，兩者在柔軟度、反應力、強韌度、恢復力上，有高度的共通性，我個人非常贊同他的主張。這個理論對交涉者應具備什麼樣的精神層面，帶來很多啟發。下面我將仔細為各位介紹他的理論，並加入我的想法。

●柔軟度

健全的肌肉在承受重量時，為避免受傷，會往各方向延伸。換句話說，肌肉健全的條件之一，就是要擁有足夠的柔軟度。

同樣的，交涉也需要思考的柔軟度。也就是說，交涉者即使面臨巨大的壓力，也**不能生氣或感到不安**，必須保持思考的柔軟，以便摸索出雙方都能接受的替代方案。

●反應力

健全的肌肉非常敏感，即使受到微弱的刺激，都能立即反應。反應力也是健全肌肉的重要因素。

同樣的，交涉時，反應力也很重要。

例如，**專注傾聽**對方的主張，讀出對方的真意。除此之外，最好能聽出對手的弦外之音，挖掘出他沒有明示的需求。

●強韌度

健全的肌肉可以在緊急時產生巨大的能量，所以強韌度也是不可或缺的要素之一。

強韌的精神可以使你在交涉時，產生熱情、積極的行動力。交涉者能否強而有力，且充滿說服力的表明立場，考驗的正是本身的意志力。

●恢復力

健全的肌肉還有一個特徵，就是能使人迅速從疲勞狀態中恢復體力。同樣的，精神層面的恢復力也很重要，它可以使人修復因心理壓力造成的傷害。

交涉也一樣，包括長時間協商、陷入僵局、來自組織內部的壓力等，過程中一定會產生相當大的疲勞感。這時候，能否迅速切換思考方式，重啟交涉，便成為成功交涉的關鍵。

●持續力

除了洛爾博士指出的這幾項共通點之外，我想再多加一個持續力。健全的肌肉，除了要有瞬間的爆發力和強韌性，也必須具備持續力。

交涉也一樣，努力達成目標很重要，但能否長時間持續下去，才是真正的關鍵。

我認為不只是交涉者，任何人都應該同時留意自己的精神面及身體層面，夠不夠堅韌。

身體層面的堅韌，不是說一定得練到渾身肌肉；交涉過程需要耗費相當多體力，所以平時的健康管理很重要。

至於精神層面，我們追求的是一種精神力，考驗交涉者能否在面臨雙方不肯退讓、眼看就要破局的壓力時，依然能堅持到底、不放棄。

這種精神上的免疫力，可以戰勝壓力，又可稱作「心理強韌性」（Mental

toughness）。下面將教大家如何強化這項能力。

對手會利用你的四種負面情緒

我們幾乎可以說，**所有的交涉戰術都是擾亂對手的心理戰術**。成功的交涉者，即使面對對手的挑撥和搬弄，也能保持平常心。保持平常心，可說是身為強硬的交涉者的必備條件。

保持平常心的方法之一，就是識破對手的戰術。若你能理解對手的戰術，就有機會做出更冷靜的分析，平復內心的激動與混亂。交涉時最常出現的缺德交涉戰術，將在第七章詳加說明。

我們先思考一個問題，所謂內心感到激動或混亂，指的究竟是什麼樣的心理狀態？以交涉來說，我認為是**交涉者受到強烈負面情緒的誘發，不自覺做出太多不必要的讓步**。

這裡所說的負面情緒，以這四種最具代表性：沮喪、不安、罪惡感、憤怒。這四種情緒最有可能誘發交涉者採取負面行動。

比方說，沮喪的情緒會誘發交涉者放棄；同樣的，不安會誘發逃避；罪惡感會誘發自我否定；憤怒會誘發攻擊。從交涉的觀點來看，這幾種情緒都會讓自己做出不必要的退讓。

平常心，對抗把好貨留最後的戰術

舉例來說，黑心的房仲公司為了把房子推銷出去，常用一種手法叫做「好康留甕底」。

比方說，K想找一間獨棟透天的房子。房仲業務知道他的需求後，一開始會先介紹他幾個格局、區位較差的房屋。

想當然耳，K每一間都不喜歡。這時，K會逐漸感到不滿、灰心、洩氣，他開始擔心，害怕自己永遠找不到滿意的房屋。於是，他開始放寬篩選房子的條件。

房仲看出K的變化後，開始介紹條件稍微好一點的房子給他。接著，還會在一旁煽動K：「這個物件非常划算，而且很多人想買。」房仲早已事先安排同事在這時打手機給他，於是，兩人開始演起戲來，表現得好像該房屋很搶手，就快要成交一樣。不久，房仲掛掉電話，對K說：「現在不簽約的話，這間房子就要賣給別人了。錯過這麼好的物件，你一定會後悔！」

等到K的不安達到最高點時，房仲再擺出一副掛保證的樣子說：「枉費我介紹這麼好的物件給你，難道你不相信我嗎？」這麼做的目的，是為了讓K產生罪惡感。最後，K同意簽約了。

一旦同意對方的條件，K就會開始強化自己決定的正當性。再加上「已經答應人家的事，不應該再破壞約定」這層心理因素作祟，K最後用了不便宜的價格，買下一個不太優質的房子。

那麼，K該怎麼做才能突破困境？

最好的方法，當然就是識破房仲的策略。

戰術一旦被識破，就無法發揮效力。而這名房仲採取的戰略，其實就是缺德交涉戰術中，最具代表性的好康留甕底的變化版。只要理解這點，K就能大幅控制自己的情緒起伏，保持平常心。

懷抱希望，但要有落空的心理準備

接下來，我們試著分析K的「思考↓情緒↓行動」，並思考K該怎麼做，才不會掉入房仲的陷阱。

一開始，房仲介紹幾間格局和區位不佳的房屋給K，讓他覺得很灰心。在這階段，K陷入了一種「非這樣不可」的想法。因為他給自己設限：「我一開始就要找到滿意、優質的房子。」

「我一定要找到滿意的房子」，這個想法的背後，隱含的另一個意思就是：「找不到好房子就完了」。一定要找到的想法一旦落空，等於實現了另一個想法：「找不到就完了。」於是，K便覺得自己的遭遇十分悲慘，最後陷入沮喪的負面情緒。非這樣不可的想法，是一種不切實際、欠缺柔軟度、呆板、死腦筋的思考方式。

即使在這種狀態下，K還是可以做一些良性思考。所謂**良性思考，是指懷抱希望，但要有落空的心理準備**。

若K懂得良性思考，他可以這麼想：「一開始就能找到完美、符合自己期望的房子當然最好，但也是有可能落空。」這種思考方式兼具邏輯性與現實性，因為單就機率來看，確實有可能找不到理想的房屋。

像這樣，只要K懂得良性思考，即使沒找到理想的房子，也不容易意志消沉。為什麼？因為找不到理想的房屋，只是預料中的事，並非什麼難以承受的悲劇。

當然，找不到理想的房子，也不是什麼值得開心的事，K心裡仍會覺得不滿意，但至少他不會感到沮喪、絕望，也不會輕易放寬搜尋條件，而且還能維持熱忱，繼續找尋滿意的房屋。

懷抱希望，但有落空的心理準備，這種思考相對來說，更具有現實性及柔軟度。

除此之外，K還擔心：「大概永遠找不到理想的房子了吧？」這也是一種惡性思考。所謂惡性思考，是指一直做悲觀預測的思考。非這樣不可的想法，也是惡性思考的一種。

K過度依賴自己有限的經驗，所以才會感到絕望、悲觀。也就是說，他只根據自己看了幾間房子的經驗，就推斷將永遠找不到理想的房屋。

即使在這樣的狀況下，K還是可以做良性思考：雖然到目前為止還沒找到滿意的房子，但不代表以後找不到。這樣想比較有邏輯、也實際，還能避免放寬購屋的搜尋條件。

用良性思考來保持質疑

當K因為沮喪和不安，而放寬購屋的條件時，房仲見機不可失，便趕緊介紹他條件稍微好一點的房屋。若這時K懂得良性思考，就能在不滿意的狀態下保持平常心，即使房仲介紹他條件稍佳的房子，也可以冷靜評斷它是否符合原先設定的標準。

不僅如此，當房仲表現出一副很多人搶這個房子，故意煽動情緒時，K也能存疑：「真的嗎？」即使是事實，至少也可以減少被煽動的機率。

再者，K看到房仲搬出打電話演戲的伎倆，也能在內心質疑：「這時候打來會不會太巧了？」即使K相信房仲不是在演戲，也能冷靜分析該房子的條件，確實不符合他原先的設定，對他來說吸引力不大。所以，就算最後真的錯過了，也不至於遭受太大的打擊。

至於房仲的最後一招：「枉費我介紹這麼好的物件給你，難道你不相信我嗎？」這句話原本使K產生罪惡感，最後勉強自己同意簽約。但只要K的心情不受房仲影響，就能冷靜做出更好的判斷：「房仲介紹物件給客人，不是天經地義嗎？」

再來，我們來看K的罪惡感從何而來。K當時大概心想：「不可以辜負對方的好意，要是辜負他，我就變成壞人了。」這也是惡性思考的一種。當然，不辜負對方的好意自然是最好的，但**絕對沒有非這麼做不可的理由**，我們只是很希望能這麼做。

總之，若K懂得運用良性思考，就能保持平常心，不被房仲牽著鼻子走。

避免「非這樣不可」的想法，但心態無所謂交涉必吃虧

K的例子告訴我們，惡性思考是阻礙交涉順利進行、自取滅亡的一種思考方式。

比如，「這次的交涉絕對不能失敗」，這種想法表面上看起來很有氣勢、又正面，應當受人喜愛，但其實背後暗藏著一種非現實性的惡性思考。這種思考方式，時常成為阻礙交涉順利進行的巨大障礙。

因為，這種要求就像是一道絕對的、至高無上的命令。假設交涉者抱著這種絕對不能失敗的想法去交涉，但實際上卻失敗了，他會面臨什麼樣的狀況？這代表原本心中篤定絕對不能發生的事情發生了，蘊含著極大矛盾，也將帶給當事人無比強烈的困惑和糾葛。

請各位不要用修辭學的角度，把這個悖論草草看過就算了。絕對不能發生的事情卻發生了（或有可能發生），這種狀況對當事人來說，是前所未有的悲慘事件，是難以承受的悲劇。緊接著，當事人會產生歸咎責任的動機：「到底是誰引起這麼悲慘、難受的悲劇？」於是，沮喪、罪惡感、憤怒等所有負面情緒，便一個接著一個湧現。

沒錯，這次的交涉絕對不能失敗，這樣的想法或許可以激發交涉者努力達成使命。但誠如前述，交涉者在過程中若稍有差錯，便可能引發強烈的情緒混亂。

再者，若交涉者相信交涉一定會很順利，但只要稍微偏離預期的軌道，他便等於直接墜落谷底。這種交涉心態，會讓當事人產生極大的心理壓力。

當我們內心感到強烈的不安，就無法聚精會神的投入在交涉上面。人在承受過度的壓力時，很難把工作做好。即使當事人拚命努力想把事情做好，也會因為不安和壓力，使思考僵化，情緒也容易變得不穩定，行為變得更衝動，效率也將大打折扣。

那麼，我們在交涉時，應該秉持著什麼樣的基本態度？「交涉根本就是遊戲，隨便做就好了，把結果交給上天。」這種樂天的想法好嗎？

很遺憾，這種想法太過短視。如果說「非這樣不可」的思考方式屬於完美主義，後者這種無所謂的思考方式，就相當於另一種極端——不負責任。

用無所謂的心態去交涉的好處是，即使失敗也能減輕心理受傷的程度。但相對的，當事人可能因此變得怠惰，缺乏達成交涉目標的動力，導致事先準備不足。為了減輕失敗時的心理負擔，而選擇一個成功機率較低的方法，這麼做不是本末倒置了嗎？

交涉失敗是機率問題，不是世界末日

非這樣不可的思考，或無所謂的思考，都不是好的交涉態度，我建議大家不如選擇懷抱希望的想法。

所謂懷抱希望，具體來說就是：「希望這次交涉能順利，但也有可能落空。」這種思考方式比較靈活、積極、有邏輯，且兼具現實的考量，屬於良性思考。

當你心中懷有希望交涉可以順利的想法時，當然會為了實現它而努力準備。不僅如此，即使最後結果不如預期，你也不會把它當作是不可能發生的悲劇。因為不如預期雖然不是好結果，但你知道它在現實中確實可能會發生。

換句話說，**交涉不順利並不是絕對不能發生的事，而是發生了會不開心，但確實有可能會發生**。這種心態能使當事人更容易接受交涉失敗的事實，並大幅降低情緒混亂的機率。

一旦把交涉失敗當作可能發生的現實，就能避免內心過度絕望、悲觀，也不會覺得難以忍受，能降低內心產生絕望感、罪惡感、憤怒的機率。

良性的負面情緒：改善現狀的動力

接下來，我們來思考，當交涉者抱著懷抱希望、但有可能落空的想法時，他的情緒會產生什麼變化。前面說過，只要做好懷抱希望、但有可能落空的準備，便能抑制沮喪、罪惡感、憤怒等負面情緒。

即使交涉者懂得良性思考，一旦重要的交涉挫敗，內心勢必無法獲得滿足。我想大概很少人在重要的交涉受挫後，還能看得很開：「真是難得的經驗，我真是幸運」吧？

但透過良性思考，交涉者有機會選擇**良性的負面情緒**。你沒看錯，良性的負面情緒，具體來說就是悲傷、擔心、苛責、不愉快等。為什麼這些負面情緒是良性的，因為**它們可以帶給當事人改善現狀的動力**。

相反的，前述的沮喪、不安、罪惡感、憤怒等惡性的負面情緒，只會讓人採取負面行動，讓事態更惡化。沮喪會導致自我封閉；不安導致逃避；罪惡感會導致自我否定；憤怒則導致攻擊。

相較之下，良性的負面情感通常會引導交涉者採取正面行動，像悲傷可以促進分擔；擔心能促進準備；苛責可促進反省；不愉快能促進交涉。

用邏輯、而不是信念去交涉

仔細想想，比起絕對命令型的非這樣不可思考，期望型的懷抱希望思考，更具邏輯性與現實性。

首先，非這樣不可的思考，本身的邏輯便存在著很大的跳躍性。仔細想想，每一場交涉都有可能成功，也可能失敗。當交涉順利時，確實能為我們帶來很大的利益。相反的，當交涉受挫，勢必會帶來諸多壞處。這正好說明，我們只能期待交涉成功，現實中根本不存在非成功不可的交涉，我們最多只能對此懷抱希望。

因此，這次的**交涉非成功不可，這種想法本身太過跳躍，沒有邏輯，比較像是一種信念。其次，這想法也不具現實性（不務實）**。無論你多麼想成功，還是可能遭遇破局。沒有人每次交涉都能成功，就算有，也是鳳毛麟角。

所以，要求交涉只許成功、不能失敗，是一種無法認清現實的行為。相較之下，強烈希望交涉能成功，但知道有落空的可能，這種具相對性、懷抱希望的思考方式，才具現實性。

事先演練，方能不發火、不退縮、不屈服

想讓自己在高壓的交涉狀態中保持平常心，可以**事前在心中模擬心理劇**。若能搭配良性思考，效果更好。

心理劇是指模擬正式上場，力求逼真的角色扮演活動。演練方法是，將同隊夥伴分成敵我雙方，進行練習，模擬正式上場的真實感。

通常，演對手的人會不斷施展缺德交涉戰術，並用高壓的態度威逼，讓交涉者產生極大的心理壓力。

「搞什麼！這個提案太爛了！立刻給我重想一個！」

「我們對你們的提案一點興趣也沒有！請回吧！」

「你腦袋到底在想什麼？弄一點有搞頭的東西來好嗎！」

「不是這樣啦！你們根本不了解我們的情況！」

扮演對手的人必須不斷挑撥交涉者，重複脅迫式的言論。交涉者則不能屈服於這樣的壓力，得不斷告訴自己須冷靜以對。

在這種練習中，一不小心，交涉者便會中了對方的挑撥，忍不住做出情緒性的反擊，或者屈服於對方脅迫的態度，而變得怯懦。這項練習的重點在於，交涉者無論遭受對方如何無理、高壓的對待，都必須不發火、不退縮、不屈服，冷靜以對。

練習的訣竅在於，不要一直存有對方不可以這麼咄咄逼人，應該要友善待人的這種惡性思考。努力讓自己保持良性思考——即對方能友善待人最好，但也有可能不是這樣。

交涉的基本態度之一，就是保持低姿態。換句話說，則是不要裝模作樣，擺出一副自以為是的樣子。千萬別認為拿出威嚴威嚇對方，使對方讓步，是一件很厲害、很勇敢的事。最好的交涉態度應該是謙遜、節制。

姿態放低，別激起對手防衛心

要大家保持謙遜、低姿態，並不是理想化的空談，這麼做確實可以有效**避免激起對手的競爭心態與防衛本能**。假設交涉者自認「我是交涉高手，對於本案件的了解程度，超過任何人」，所以採用脅迫的態度與對方交涉，會發生什麼狀況？

當然，並不是沒有成功的例子，例如古時候的惡官看到水戶黃門（編按：以水戶藩第二代藩主德川光圀為主角的日本民間故事，由於光圀曾任黃門官，因此人稱水戶黃門）拿出印籠（裝印鑑的盒子）時，會「啊啊——」的大叫，然後雙腿一軟跪在地上。

但是，就現實狀況來說，情況多半相反，這麼做反而會引起對手的競爭心：「好啊，那就讓我看看你有多厲害，我也不是省油的燈。」可是，回過頭來想，我們有必要激起對手的敵對心與鬥爭本能嗎？這麼做，對交涉一點幫助也沒有。

請盡量以樸實、節制、誠實的態度進行交涉。與其擺出一副自以為是、裝模作樣的態度，不如裝作孤立無援的模樣，才是最保險的做法。

有不懂的地方就放低姿態，交涉的正確態度應該是真人不露相。「我聽不太懂這部分，可以說明一下嗎」、「可以告訴我，這樣理解是否有錯」。這麼一來，對方也有很高的機會對你伸出援手。

請各位回想美國電視影集《神探可倫坡》中，可倫坡刑警給人的印象。他表面上看起來不可靠、不善交際，甚至有些笨拙、散漫。但給人這種印象的可倫坡，卻在追緝兇手上，展現出堅持到底的態度。

他常向兇手丟出幾個單純的疑問，讓兇手覺得：「這刑警怎麼這麼笨。」兇手會透過自己精湛的推理，回答可倫坡的問題。接著，可倫坡會丟出更深的問題，直到最後，兇手才發現自己反而成為可倫坡鎖定的對象。可倫坡就是真人不露相的代表人物，他的姿態非常值得交涉者學習。

採取低姿態的交涉手法，並非要像可倫坡一樣，把對方逼入困境，而是**避免激起對手的競爭心與防衛本能**。此外，還有一個附帶的收穫，就是可以促進對方合作的意願。**所謂低姿態，絕不是卑躬屈膝的態度，而是使交涉順利進行的技巧**。

但維持低姿態並非易事。因為在交涉過程中，當事人難免會產生絕對不能被對方駁倒的想法，一不小心雙方便會陷入敵對關係。

除此之外，還要注意別陷入非這樣不可的想法，像是「絕不能讓對方看見我的破綻」、「絕對不能被對方瞧不起」、「我一定要趕快了解對方說的每一句話背後的意思」，這些想法都會使交涉陷入敵對模式。這麼一來，雙方都不容易放下身段，更遑論把交涉帶往提高雙方滿意度的狀態。

如前述，想克服非這樣不可的思考，最有效的就是採取懷抱希望的想法。

不要死腦筋的認為「絕對不能讓對方得逞」，換個想法：「沒被對方駁倒當然最好，但也不是沒這個可能。」這麼一來，你就不會去追求非這樣不可、這種完美的要求，心情上也能有**更多轉圜的餘地**。能這麼想的話，不僅心情會輕鬆許多，想法也將變得更靈活。

不要想「絕不能讓對方看見我的破綻」，要想「最好不要讓對方看見我的破綻，但也有可能失敗」；別去想「絕對不能被對方瞧不起」，要想「能不被對方瞧不起最好，但還是有可能會被瞧不起」；不要認為「我一定要趕快理解對方每一句話背後的意思」，要想「能夠理解對方每一句話背後的意思，當然最好，但難免會有疏忽的時候」。

關於精神強韌性的詳細說明，請參閱拙作《麥肯錫情緒處理法與菁英養成》（大是文化出版）。

本章重點整理

- **什麼是強硬的交涉者？**

×：絕對不讓步，頑固的交涉者。

○：在任何情況下，都致力於尋找能滿足雙方提案的交涉者。

- **交涉者在精神層面應具備什麼樣的資質？**

①柔軟度。

②反應力。

③強韌度。

④恢復力。

⑤持續力。

- **強硬的交涉者的條件**

保持平常心：想要達到這個境界，必須學會良性思考。

●良性思考與惡性思考

①良性思考

・具邏輯性、相對性、現實性的懷抱希望。

・懷抱希望、但有可能落空。

②惡性思考

・帶有非邏輯性、絕對性、非現實性的非這樣不可。

・不負責任的無所謂思考。

●良性思考誘發良性的負面情緒，惡性思考誘發惡性的負面情緒

・良性負面情緒：悲傷、擔心、苛責、不愉快。

・惡性負面情緒：沮喪、不安、罪惡感、憤怒。

●良性的負面情緒引發正面行動，惡性的負面情緒引發負面行動

・良性的負面情緒：悲傷↓分擔、擔心↓準備、苛責↓反省、不愉快↓交涉。

・惡性的負面情緒：沮喪↓自我封閉、不安↓逃避、罪惡感↓自我否定、憤怒↓攻擊。

● **交涉時記得保持低姿態**

不要激起對手不必要的競爭心態與防衛本能。

第3部

攻防的要領

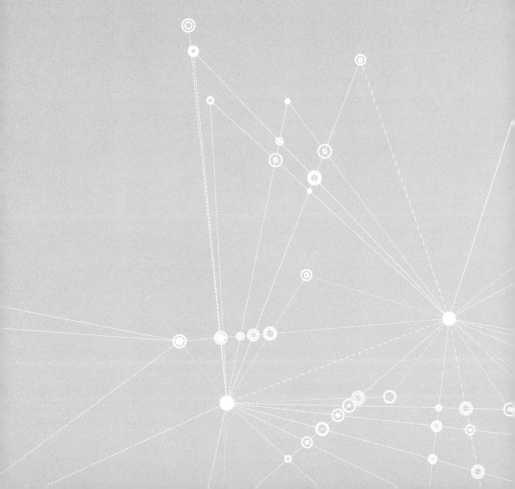

第7章

如何對付缺德交涉戰術

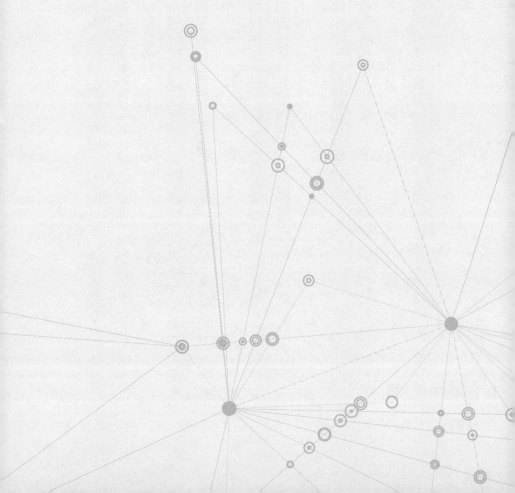

如前述，想和對方保持長久的生意往來，你只有一個交涉態度，就是盡可能提高雙方的滿意度。但不難想像，有時候希望達成這種有生產性的交涉，可能只有我們自己，你的交涉對手不一定這麼想。

有些人認為：「能想辦法操弄對方，不斷讓對方讓步的人，才是真正優秀的交涉者。」這是**誤把交涉當成了一種零和遊戲**（編按：雙方的利益之和為零，或一個常數；即一方有所得，他方必有所失）。

我們必須學會如何保護自己，避免受到這種錯誤觀念的傷害。因此，首先要認識幾個最常見的缺德交涉戰術的例子，然後再學習基本的應對方法。

缺德戰術一：自爆型——「這已經是最低折扣了。」

在公司上班兩年的佐藤，決定買一臺公私兩用的電腦，以及周邊設備和基本軟體。他聽說「超級筆電」這款機型不錯，於是花了一整個下午，逛了好幾間家電行。最後，他決定和販售價格最低的一家店進行交涉。佐藤希望能交涉到比標價更低的價錢，但店員面有難色的表示：「『超級筆電』是熱銷商品，這已經是最低折扣了。」

請問，佐藤該怎麼應對？

【對方的戰術】

● 一開始就出示固定價格，強硬要求顧客買單。
● 為了避免把時間浪費在並非真心想購買的客戶上，不惜一開始就提高交涉破局的機率，屬於**自爆型戰略**。

【應對的基本方針】

● 擴大價格以外的交涉項目。

【具體的應對策略】

● 不經意透露交涉破局的可能，測試對方堅守價格的決心。
● 盡量擴大交涉項目。比如，請他在記憶體、周邊設備、軟體的價格上給予優惠等，並與其他商品綁在一起，提出包裹交易。

● 調查其他店家賣多少錢、還有多少下殺空間，收集類似商品的情報，努力提高自己的交涉力。

缺德戰術二：唱黑白臉——「給我打對折！」（黑臉）、「沒對折，至少打七折嘛！」（白臉）

平野是知名企管顧問公司的經理，他近來向一個新客戶、某家大型銀行提交書面提案。銀行方面派出執行董事大手町和丸之內負責此案。某天，這兩人請平野前來開會，討論提案的內容。

沒想到會議一開始，大手町便氣燄高張的對報價金額（企畫案的收費）表示不滿，並大發雷霆，要平野想辦法把費用減半。隨後，丸之內跳出來打圓場，安撫大手町，並提出一個方案：「我們很喜歡你們的內容，五折是有點誇張啦，不過至少打個七折吧？」

請問，平野該怎麼應對？

【對方的戰術】

● 找一個隊友扮白臉或黑臉，擾亂交涉者。

● 利用人心的弱點：誰都不想和高壓、不講理的人交涉。

【應對的基本方針】

● 白臉的提案乍看之下比較友善，但別忘記一個事實：**扮白臉和黑臉的人是一夥的**。

【具體的應對策略】

● 首先，識破他們的演技，分辨誰扮白臉或黑臉。

● 對此戰術的正當性抱持懷疑。讓對手知道自己的演技已經被識破，使該戰術的效果大打折扣。

● 不要把黑臉提出的非現實、不合理的提案拿來比較，**直接對白臉的提案做評價**。

● 不要屈服於壓力，而做出大幅度的讓步。

缺德戰術三：鞭子與胡蘿蔔——「可以再便宜一點嗎？」

杉原在全球最大的環球石油公司，負責工業用燃料的業務。他的客戶之一草井化學，現針對二氧化鈦事業部門的長期燃料供給契約，進行招標。杉原之前和草井化學在其他商品有過生意的往來，這次也參與了投標。除了杉原的公司，還有多家公司也參與這次標案。投標截止後，草井化學聯絡杉原，希望他能來開會。

草井化學的採購負責人田井對杉原說：「你們家的投標金額很有競爭力，不過價格可以再便宜一點嗎？」對方要求的內容十分不明確，但執意要杉原再壓低價格。請問，杉原該怎麼應對？

【對方的戰術】

- 在投標後不提出具體要求，而用再便宜一些等曖昧的要求，擾亂對方。
- 「鞭子與胡蘿蔔」戰術：一方面給對方可能得標的期待，一方面透露還有其他競爭對手。

●不做得太超過，以免招來反感。即使最後對方接受訂單，也可能透過降低品質等，來維持利潤。

【應對的基本方針】

●強調提案整體的優惠，並促使對方的要求明確化。

【具體的應對策略】

●查明對方追加條件的具體內容，不妨單刀直入的詢問。

●**找出自己與其他競爭對手的相異處**，並強調自家提案的優越性。

●不要以價格作為單一談判項目，把配送費用、配送頻率、支付條件等拉進來談，強調整體優勢。

●必要時做出一點讓步，但千萬別一開始就大讓步。

缺德戰術四：反向拍賣——「可是別家公司都嘛……。」

福島是專門為企業舉辦研討會的公司業務負責人。他最近向某跨國企業的人才開發部新任部長藤林，提出一份提案。藤林正計畫辦一場專為提高中階主管解決問題能力的研討會。對藤林來說，這是全新的挑戰。他仔細審閱了數家公司的提案後，選出其中三家公司，再根據自己設定的規格，請這三家提出新的提案書。福島的公司正好是這三家入選的公司之一。某天，他來到藤林的公司開會，希望藤林採用自己的提案。

藤林提出了一個超乎常理的價格，要福島承包下這場內容十分豐富的研討會。福島在面對這個難題的同時，還要承受其他對手積極爭取的壓力。

請問，福島應該怎麼應對？

【對方的戰術】

●買方會利用其他公司的情報，反向拍賣（編按：由採購方提供希望得到的產品訊息、服務要求和可承受的價格定位，由賣方之間以競爭方式，決定最終產品提供商和服務供應商，從而使採購方以最優的性能價格比實現購買）。

● 使用此戰術的人，多是對業界與工作內容不甚了解、新上任的負責人。
● 拿其他公司的情報，作為施壓的武器。
● 由於負責人會審閱多家公司的提案後，再提出新的規格需求，對買方來說也相當耗時費力。

【應對的基本方針】

● 掌握買方的優先項目，對自家公司的提案做出合理說明。

【具體的應對策略】

● 心裡有個底，其實買方也要耗費相當多的時間和精力。
● 別忘了**會使用這個戰術的買方，通常都是該領域的初學者**。
● 替買方釐清交涉項目的優先順序，主動告訴他應注意哪些重點。
● **把賣方、買方的競爭關係，轉換成解決對方問題的過程**。
● 通常買方事後必須對組織內部，說明交涉的內容與同意的理由，所以我方在說明自家公司的提案時，必須注重邏輯性，讓他回去比較好交代。

缺德戰術五：回馬槍——「這個就當作送我的吧。」

西川在大型的會計事務所負責法人業務。他和某家電機大廠，交涉一筆大宗會計審查契約，正進入最後階段。

就在合約快要用印的時候，電機大廠負責人二宮突然開始追加許多條件，包括「可以再加開一場，以主管為對象的國際會計準則研討會嗎」、「可以請你對我們的會計財務資訊系統，做個簡單的評價嗎」、「可以派一個講師，為我們的年輕主管做會計學講習嗎」等。二宮雖然沒有明講，但語意中透露這些追加項目應給予免費。

請問，西川應該怎麼應對？

【對方的戰術】

- 在即將達成協議之前或之後，要求賣方多贈送一些商品或服務。
- 看穿賣方不想再重新交涉一次的心理戰術。

【應對的基本方針】

●保持微笑，但斷然拒絕，態度堅持。

【具體的應對策略】

●要有強烈的成本概念，記住，贈品金額雖小，但積少成多。

●絕不可以用送贈品能釋放善意來說服自己，這是替沒有勇氣拒絕，尋求正當化的藉口。

●拿出勇氣，保持微笑，慎重且毅然決然的拒絕。

●排除被要求贈品的可能。比如，**針對有可能被索求的項目，事先設定好價格**。

缺德戰術六：苦肉計——「我的預算就只有這樣……。」

藥袋是某工業用器材廠商的業務員。最近，他向某大型製造公司做提案簡報，建議他們引進大型機材。該公司負責投資業務的大豆生田，非常喜歡藥袋的簡報。之後的幾次會議，大豆生田也對他們的新器材讚不絕口，藥袋感覺交涉成功的機會似乎不小。但就在快簽約時，大豆生田表示公司刪減一五%的預算，希望藥袋能降價給予協助。

請問，藥袋要怎麼應對？

【對方的戰術】

● 一邊對賣方阿諛奉承，一邊以預算有限的苦肉計，逼迫賣方妥協。

● 鎖定賣方兩個人性弱點：想提供自家品質良好的產品與服務的自尊心，以及對陷入困境的人伸出援手的同情心。

【應對的基本方針】

● 表示同情，但不輕易被憐憫的情緒牽著走，而做出讓步。保持冷靜，態度堅定。

【具體的應對策略】

● 不要被買方的花言巧語給沖昏頭，自己往陷阱裡跳。

●不要輕易受到同情心和與人為善的心情影響，應冷靜應對。當然，表面上要表現出同情的樣子。

●暗示買方交涉有可能破局，測試買方的預算上限是真是假。

●假設買方真的有預算上的限制，試著在可接受的範圍內，摸索出合意的提案。

缺德戰術七：先斬後奏——「我都對外宣布了，就請你多多擔待吧！」

武田在某家大型高科技廠商擔任設計課課長。他從上司富岡部長那裡接獲一個任務，要更改主要產品的設計，但這項改變在技術上非常難做到。武田面有難色，則富岡部長語帶逼迫的說：「我已經跟負責這件事的董事說了，董事也跟老闆報告過了，所以，還請你多多擔待。」

請問，武田該怎麼應對？

【對方的戰術】

- 利用「我已經對外宣布了」這個既成事實，要求對方讓步。
- 刻意製造一個無法回頭的局面，壓迫對方，強迫對方配合。

【應對的基本方針】

- 在避免正面衝突的前提下，尋找替代方案。

【具體的應對策略】

- 嚴禁一開始就忍氣吞聲的想：「沒辦法，只好硬著頭皮接下。」
- 避免正面衝突，責備對方也無法解決問題。
- 對對方的行為表示理解，但不要默許。
- 摸索出可以保全對方面子的替代方案，請對方一同協助。

缺德戰術八：奇襲——「喂，這有點急，就拜託你了！」

本多是某家綜合化學大廠的銷售工程師。某天他正埋首製作一份公司內部的重要報告時，突然接到一通由大廠客戶鈴木打來的電話。鈴木廠長說發生緊急狀況，未等本多答話，就逕自下起訂單。

請問，本多應該怎麼應對？

【對方的戰術】

●無論當事人是否意識到這點，**打電話的人已取得先機**。（打電話的人準備周全，而接電話的人通常措手不及，反應不過來。）

●瞄準對手準備不足的奇襲戰術。即使當事人心中沒有這樣的企圖，仍可以達到奇襲的效果。

【應對的基本方針】

●除非你準備周全，否則**不和對方交涉**。待確認委託的內容之後，再回電對方。

【具體的應對策略】

●先有一個概念，打電話的人已取得優勢，對接電話的人而言，用電話交涉對自己不利。

- 基本原則就是，在還沒準備好之前，不做交涉。
- 確認對方的要求之後，找個適當的理由，**先把電話掛斷**。
- 若非得在電話中交涉，先準備好記事本、計算機等工具，沉著冷靜的進行交涉。

缺德交涉戰術必定伴隨威脅

威脅雖然不是具體的交涉戰術，卻是缺德交涉戰術中不可或缺的元素。威脅的種類很多，有高壓式、直接性的威脅，也有低姿態、較隱晦的威脅。接下來，我們把焦點放在缺德交涉戰術中的威脅。

案例一，賣方一開始就下了最後通牒，而且似乎沒有任何商量的餘地。態度上可能是高壓式，也可能採取低姿態，無論哪一種，威脅都相當明確。

案例二則很清楚。扮黑臉的角色，盡可能採取高壓式的態度威逼對方。這種戰術的進階版，就是一人分飾二角。比如，「不要說降價了，我的主管原本還想提高價錢呢。但我個人覺得，現在的時機根本不可能這麼做，我會盡量說服主管，所以，就這個價格好嗎？」利用不在場的主管，間接施壓。

案例三屬於暗示性，較隱晦。買方的話語中隱含威脅性的訊息：「你是不是真的想要這份訂單？」、「再不努力一點，就會被其他公司搶走。」案例四也一樣，買方話中透露威脅：「你到底想不想做這筆生意？」

案例五的買方，和案例四一樣，透露出「你還想不想做生意」的威脅，只是這個戰術還多了一個脅迫，「協商就快成功了，你想重來一次嗎？」

在案例六，買方一邊奉承賣方，一邊大吐預算有限的苦水，這種做法也是屬於最後通牒的一種。買方大方坦承預算的上限，主動暴露弱點，宣告全面投降，把立場轉為和交涉對手站在同一陣線。但其實他這麼做，透露出一個威脅性訊息：「我都投降，釋出這麼多善意了，你能不幫我嗎？」可以說是一種主打罪惡感訴求的脅迫。

案例七也是屬於隱晦性的威脅：「這件事已經對外公開，上頭決定了，你想要把事情鬧大嗎？」

案例八的客戶在電話中，喋喋不休的提出要求，其實背後隱含著一種威脅性訊息：「情況緊急，不要再囉囉嗦嗦的，趕快去做就對了。」

這麼一路看下來，可以說幾乎所有的缺德交涉戰術，都是以威脅作為基礎。威脅就像交涉的有機質一般，無所不在，形式多變，可說是交涉戰術中不可或缺的元素。所以下次在交涉時，若受到脅迫，不必太驚訝。

威脅除了可以透過戰術或語意展現，還可以透過身體語言表達。比方說，擺出一張臭臉、撇開視線、把資料甩在桌上、伸懶腰、敲桌、抖腳、連續按壓原子筆頭、轉筆、用筆敲文件等。

以良性思考對抗威脅

交涉過程中沒遇到威脅當然最好，但即使碰到了，也不用認為它是難以忍受的屈辱或是悲劇。把它當成是缺德交涉戰術的一部分即可，如此一來，就能避免心理產生過度反應，能以更冷靜的態度應付威脅。這時，用來保持平常心的良性思考，又再度派上用場了。

記住，千萬不要用非怎樣不可的思考應對，像是「我不可能會被威脅，對方也不可能威脅我」。而是要想「能不被威脅當然最好，但根據過去的經驗，缺德交涉戰術常伴隨著威脅。所以即使遇到，我也要臨危不亂，冷靜應對」。

威脅，必須在訊息接收者感受到脅迫的情況下，才能發揮作用。當接收者沒有感到威脅，威脅便不成立。**良性思考是化解威脅、使脅迫發揮不了作用的最佳策略**。

本章重點整理

- **缺德交涉戰術的種類以及基本應對方式**

①自爆型：這已經是最低折扣了——擴大價格以外的交涉項目。

②唱黑白臉：給我打對折（黑臉）、沒對折，至少打七折嘛（白臉）——白臉的提案乍看比較友善，但別忘記扮白臉和黑臉都是同一夥人。

③鞭子與胡蘿蔔：可以再便宜一點嗎——從整體角度強調，你的提案已給了不少優惠，並促使對方的要求明確化。

④反向拍賣：可是別家公司都嘛……——掌握買方的優先項目，對自家公司的提案做出合理說明。

⑤回馬槍：這個就當作送我——保持微笑，但斷然拒絕，態度堅持。

⑥苦肉計：我的預算就只有這樣——表示同情，但不輕易因憐憫而做出讓步。保持冷靜，態度堅定。

⑦先斬後奏：我都對外宣布了，就請你多多擔待吧——在避免正面衝突的前提下，尋找替代方案。

⑧奇襲：接到電話，「喂，這有點急，就拜託你了」——除非你準備周全，否則不和對方交涉。待確認委託的內容之後，再重新回電。

●缺德交涉戰術少不了威脅的要素

・以良性思考應對。

・做好心理建設：「能不被威脅當然最好，但還是有可能遭到威脅」。

第8章

讓步是交涉時的最強武器

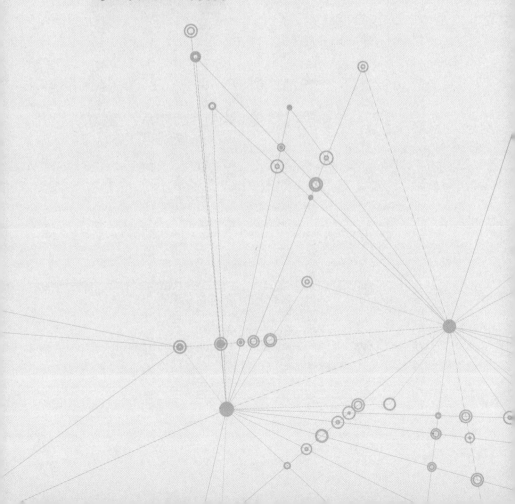

交涉的目標盡可能設定高些

「讓房東凍漲租金一年」、「預定併購的企業價格，壓在五百億日圓以內」、「工作時間要求縮短十分鐘，希望公司批准」等，像這樣我們在**交涉前，一定要先想清楚預設的目標是什麼**，否則不只交涉沒有方向，結束時也無法對成果做出評價。還有，千萬不要一開始就堅持單一論點到底，死不退讓。最好採用包裹交易，並設定多個目標。

一般而言，我們會設定一個比預期來得高一些的目標。這麼做的目的有兩個，一是讓交涉者有努力的目標和動力；另一方面，目標設定得高些，即使過程中有讓步，成果也會比較高。

要注意的是，我所謂設定較高的目標，是建議比原本目標再高一點，而不是漫天喊價。因為目標訂得太高，反而會產生反效果。

比方說，對方會心想：「目標這麼高，根本不可能達成。」於是在交涉初始就抱持半放棄的心態。這麼一來，即使交涉者的技巧再高，也無法達到理想的成果，甚至連原本應該爭取到的，都從手中溜走。

除此之外，目標訂得太高，對手也可能會疑神疑鬼的想：「對方真的有誠意要和我們交涉嗎？」最後，為了避免浪費時間，而拒絕上談判桌。再者，一旦招致對手反感，他可能會提出一個更低的價格，這麼一來，想提高雙方滿意度，又變得更難了。

當然，瞎貓也會碰上死耗子。有時候你丟出一個極高的目標，結果反而成功降低對手的交涉意願與期待值，並獲得對方極大的讓步。但這種情況非常稀少，既然我們把交涉視為提高雙方需求的溝通過程，這樣的成交方式即使成功了，也不值得高興。

基於這個理由，我們最好不要設定一個超乎行情、遙不可及的目標。理想的交涉目標，應該是當事人可以接受，又不會與對手認知差距過大的目標。

對於在第一線的交涉者來說，最好的目標設定應該是：「這個目標確實有點高，但只要努力還是有可能達成。身為交涉者的我，終於可以大展身手。」

同時，好的目標設定會讓對手認為：「他設定的目標雖然有點高，但並非不可能實現。看來這次的交涉是場硬仗。」只是我們並非對方，不可能提出一個百分之百讓對手這麼想的目標，但至少要盡量站在對方的立場思考，再去設定目標。

讓步不是妥協，而是一種戰術

再怎麼有能力的交涉者，若要他在交涉過程中絲毫不讓步，大概很難發揮出實力。**讓步是交涉過程中，非常重要的資源**。

交涉中，讓步容易讓人產生對形勢不利、怯懦等負面印象，但讓步並不必然都是怯懦或負面的表現。正確來說，**交涉中的讓步，是一種戰術性的行為**。重點在於，交涉者是以什麼樣的態度，施展讓步。正確的基本態度，就是我們一再強調的，把交涉當作是提高雙方滿意度的過程。

接下來，我們透過具體的例子，思考如何把讓步運用在戰術上。

某位買方前往位於東京的知名電器街，想購買電腦及周邊商品。他把目標鎖定在暢銷商品「ＰＩＯ」。看過好幾間店後，他回到一家標價最低的電器行REOX，立刻和店員展開交涉。

買方：「這個ＰＩＯ的最新款，最多可以打幾折？」

店員：「真不好意思，這是我們的熱銷商品，所以要照標價賣，這個價格已經打了不少折扣。」

店員的態度非常堅決，因為自恃ＰＩＯ是店內熱銷商品。但買方也不是省油的燈。

買方：「也難怪啦，熱銷商品嘛。可是我大老遠從練馬區過來耶，可不可以算便宜一點。」

店員（一臉為難的敲打著計算機）：「真的不能再降了，頂多只能扣掉消費稅。」

買方：「那真是太好了，八％也不無小補啊，不過我本來還期待可以折讓更多呢。」

我們來分析一下，出現在這段交涉中的讓步，究竟意味著什麼？

從表面上看來，賣方折讓消費稅是不得已的讓步。但電腦零售業界的競爭非常激烈，這名店員或許害怕買方跑掉，所以才做出這麼大的讓步。

事實證明，店員透過讓步，成功留住買方，所以**讓步也可視為一種積極的戰術**。賣方也清楚知道折扣之後，自己依然有賺，所以這種戰術性的讓步，絕不是扣分的行為。

換作買方的立場，其實買方也有做出讓步。他接受賣方扣除消費稅的變相降價，這種行為也可視為一種退讓。

一般說到讓步，大家會覺得是從已表明的立場，再往後退讓。但是，主動降低期待值，也算是很大的讓步。

那麼，買方的讓步算是一種扣分的行為嗎？

換句話說，買方的行為是否因為賣方的說法「熱銷商品折扣有限」而感到壓力，最後選擇屈服了？

不，應該不是這樣。試想，買方透過這個讓步能獲得、或說預期能獲得的利益有哪些？買方接受扣除消費稅的變相降價後，就能避開各種毫無成果的降價交涉。換句話說，他可以節省時間和勞力的成本。再加上，他還有其他配件要購買，自己先讓這一步，說不定對後面的交涉更有幫助。

由此可知，買方的讓步絕非扣分行為。讓步，其實也是一種為自己謀利的戰略。

讓步是上戰場最好的武器，但不能一次用太多

交涉其實也可以視為：藉由各種讓步，來試圖解決問題的過程。

試問，交涉者有沒有可能遇過對所有的爭論點，雙方都毫無退讓的狀況？這種情形不能說沒有，但非常罕見。即使有，大都是認知上的誤會。

退一百步講，就算交涉中真有這樣的狀況，隨著時間推移，交涉環境也會跟著產生變化。交涉環境可用「諸行無常」來形容，因為狀態隨時都在改變。

因此，即使交涉者面臨不能讓步、交涉即將破局的壓力，也不要輕易放棄，應繼續摸索出符合雙方目的的讓步條件。

其次，交涉者可以試著一點一點、少量的釋出讓步，將有助於降低對方的期待值。換言之，假使我方接連不斷做出很大的讓步，對方心裡會怎麼想？會充滿感激的「謝謝你」嗎？

很遺憾，對方大概會覺得：「即使我再多要求一點，你也會讓步吧。」然

後變本加厲。

雖然我說交涉是各種讓步的排列組合，但絕不是要大家單方面的持續退讓，而是要大家利用讓步，朝提高雙方滿意度的目標邁進。所以，每當我方做出讓步，一定也得要求對方做出退讓。

讓步是上交涉戰場時的珍貴彈藥，必須有目的、節約的使用。

想提高對方交涉的關注度，你得讓他投資得更多

另一個左右交涉局面的重要因素，是雙方在過程中挹注了多少投資。這裡所說的投資，與其說是多少金額，不如說是交涉者本身或組織，為這場交涉投入了多少時間、勞力、內心掙扎、精力等。若不理解這些投資會對自己心理造成多大的衝擊，一不小心便可能做出不必要的讓步。接下來的例子，將幫助大家對交涉的投資，有更正確的認識。

A打算購買一臺家用冰箱。即使是這麼簡單的想法，作為買方的A，想和賣方達成最終協議，都必須付出巨大的投資。

A目前使用的冰箱壞掉，停止運作，導致冰箱內的冷凍食品、冰淇淋融化，牛奶壞掉。光是處理這些食品所耗費的勞力，以及必須買一臺新冰箱的壓力，就給A帶來相當大的麻煩。

由於冰箱是必需品，不能不使用。於是，A決定犧牲寶貴的假日，出門買冰箱。冰箱單價高，不比一般的生活用品，所以A打算先逛幾家量販店和電器行，再做決定。市面上類似的機種很多，A為了理解這些商品的特徵，花費了不少心力，有時還會遇到態度不佳的店員，影響心情。

最後，A鎖定了一家量販店，那裡販售他最喜歡的機種，而且標價最便宜。此時，離A出門購物已過了四小時，他早已疲憊不堪，甚至連殺價的力氣都沒有，所以決定直接購買。

如上述，A從決定要買冰箱，到買下冰箱為止，投入了相當大的投資。

更別提其他更複雜的例子，比方說，大型家電製造商想購買生產線用的工作機械；原料廠為了打入相關市場，想買下一間工廠；向沒有意願賣土地的地主收購土地等，越複雜的交涉，所需的投資越大。

任何人都不希望自己投注在交涉的投資，前功盡棄。因此，交涉者只要看準這點，就能強化交涉力，慢慢引導對方讓步。

舉個例子，假設你與對方從一開始就對某個議題，在認知上的落差太大。這時，你應該先從其他議題或爭議點開始處理。簡單來說，就是讓雙方慢慢增加對這場交涉的投資。**投資增加越多，交涉破局時的痛苦也就越大**。

再者，在交涉過程中，雙方對彼此的了解也會逐漸增加，進而產生信賴感。最後，再回過頭來處理認知度落差最大的議題時，會發現雙方的態度和應對，都變得柔軟許多，達成協議的機率也會提高。

但要注意，這個方法是適用於一開始認知落差太大時，也就是避免陷入單一爭議點時的戰術。

以先前的冰箱為例，買方想要殺價，但若賣方回答：「公司規定要照標價賣，沒辦法。」這時，買方可以先跳過價格交涉，從配送開始談起，告訴對方：「我不用馬上拿到貨沒關係，可以再算便宜一點嗎？」其他像是免費安裝、延長保固期等，也都可以當成用來跟對方交涉的條件。隨著談話時間增加、相互了解之後，說不定賣方最後願意用較低的價格，出讓店內的樣品。

交涉的基本原則就是避免陷入單一爭議點，盡量用複數爭議點，也就是包裹交易的方式，摸索出同時提高雙方滿意度的協議。

不合理的讓步，往往出現在原本目的轉為個人目的時

不希望徒勞無功的動機，不只影響對方，也會影響到自己，若不多加注意，我們很容易做出不必要的讓步。

我們可以把交涉所付出的投資，看作是企業財務理論中的「沉沒成本」

（Sunk cost），兩者是同性質的概念。所謂沉沒成本，恰如其名，是指針對某投資案件，已投入了多少資金。

在企業財務理論中，決定一個案子是否追加投資時，不應考慮該案的沉沒成本。

比如，某人已投入某事業十億日圓，而且到現在都還沒回本。這時他在思考是否追加投資時，根據企業財務理論要求，他必須把已投入的十億日圓忘得一乾二淨。然後判斷該事業經由追加投資，能產生多少利益。

有人會想：「我都已經投入十億了，怎麼可以收手！」這種想法就心情上，不難理解。但不管之前投入多少金額，若未來沒有回收的希望，繼續投入，只會讓損失擴大。

在交涉過程中，交涉者的思考模式也應仿效企業財務理論的要求。不要因為害怕在交涉中付出時間、勞力、掙扎、精力，無法得到回報，就給自己設限，認為非達成協議不可。換句話說，**別讓達成協議這件事，變成個人目的。**

再舉一個例子。企業併購其實也是一種交涉，因為併購就等於是買方和賣方，針對股份進行交涉。歷史上有個關於併購的著名案例，是講述一個企業如何從思考合資，到最後變成賭氣，為買而買。

這裡說的就是一九八八年，普利司通（Bridgestone，世界第一、日本最大的輪胎製造商）買下美國凡士通（Firestone）的這場併購大戲。一開始，普利司通只打算和凡士通建立合資公司，就在雙方交涉得如火如荼時，義大利的倍耐力（Pirelli），對凡士通進行TOB（公開收購股票）。普利司通為了對抗倍耐力，把策略轉換為收購凡士通。

普利司通和倍耐力競爭的結果，使普利司通的收購費用三級跳，最後來到二十六億日圓，比當初預定的價格高出三倍。對此，經營團隊堅持主張，認為要在全球化競爭中生存，併購凡士通是必須走的一條路。但就外人來看，不可否認，普利司通的目的，已從企業利益考量，逐漸轉向為個人目的。

當達成協議只為了滿足個人欲望時，交涉者大都會做出超乎常理的讓步。

從最終結果來看，協議是達成了，但內容可能比ＢＡＴＮＡ（最佳替代方案）還糟糕，大家應戒之慎之。

本章重點整理

- **交涉的目標盡可能設定高些**

  但必須是交涉者可以接受，而且又不極端偏離行情的目標。

- **讓步不是妥協，而是一種戰術**

  藉由讓步，讓對手與自己同時提高滿意度。

- **任何交涉一定都有讓步的空間**

  不要放棄，繼續摸索出可以提高雙方滿意度的讓步。

- **讓步的活用法**

  ・逐步釋出讓步，降低對方的期待值。

  ・透過我方的讓步，引誘對方做出退讓。

- **投資對交涉的影響**

  ・投資——為交涉所投入的時間、勞力、內心掙扎、精力。

・人會因為不希望投資無法回本，而做出讓步。

● **刻意增加投資，有可能引導對方讓步**

僅限用於從一開始，雙方針對某議題認知差距過大的情形。

● **交涉時，請忽略沉沒成本**

不要為了個人目的而達成協議。

第9章

交涉時如何問問題？被問到痛處怎麼回？

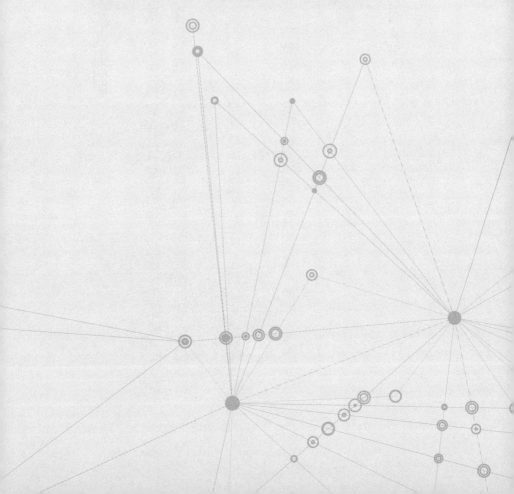

交涉就是不斷的提問與回答

所謂交涉，就是由一連串的提問與回答交織而成。試想，提問的目的是為了什麼？當然是為了獲取情報。除此之外，提問的同時還能提供我方的情報給對方。

對交涉者來說，提問技巧是不可或缺的技術。首先，我們要知道提問有哪些種類，再來思考如何活用這些提問，達到我們想要的目的。

若以提問者希望獲得的情報內容與範圍，作為分類依據，提問主要可分成四種類型：

①Yes 或 No 型。

②限定性・確認事實型。

③限定性・說明型。

④廣角型。

①Yes 或 No 型提問

這類型的提問，通常是為了確認具體內容，要求的答案不是Yes，就是No，例如：

「本期綜合損益是否有盈餘？」

「第二條是否有讓步的空間？」

「下訂的貨物是否能準時送達？」

「本期的淨營運資本是否增加？」

「你的意思是薪水要提高五％？」

「S公司的錢匯進來了嗎？」

②限定性・確認事實型提問

與 Yes 或 No 型一樣，這類提問也是在確認具體的內容，但要求的答案，不是 Yes 或 No，而是要求數值等具體的描述，例如：

「本期綜合損益的盈餘有多少？」

「你的要求有幾項？」

「下訂的貨物幾點送達？」

「本期的淨營運資本會增加多少？」

「第三條的部分還有多少讓步空間？」

「本公司的產品競爭力滑落到何種程度？」

「S公司的錢匯多少進來？」

③限定性・說明型提問

這是針對特定具體事項所做的提問。但提問者希望獲得的情報，不是事實或數據，而是**理由或意見**。說明性質的提問，也是一種要求對方思考的提問。當然，說明的內容若能加入事實和數據，能更增加說服力，例如：

「為何本期綜合損益為虧損，請說明原因？」

「下訂的貨物為什麼那麼晚才送來？」

「為何第四條的部分沒有讓步的空間？」

「為何本期的淨營運資本增加了？」

「S公司的錢為什麼那麼晚才匯進來？」

限定性・說明型提問和 Yes 或 No 型提問，在結構上的相似之處，值得大家注意。比方說，針對本公司產品有沒有競爭力這個問題，回答可能 Yes 或 No，但這問題並非單純為了確認事實而問。

要回答本公司產品有沒有競爭力，需要相當深入的分析，不是單純的 Yes 或 No，就能讓提問者滿意，而需要更有說服力的論據。

像「老闆是否該下臺負責？」、「本公司是否該新增法人業務？」等，這些問題也一樣，表面上看起來是 Yes 或 No 型，實際上，回答者必須連同論據一起提出。所以就內容而言，應該是限定性・說明型提問。

當被人問道：「本公司的產品有沒有競爭力？」回答：「有的，有競爭力。」這一點意義也沒有。看到這種問題，必須意識到它屬於限定性・說明型提問，所以要回答「有的，有競爭力，因為……」，扎扎實實的提出論據。

有的提問者會刻意把限定性・說明型提問，以 Yes 或 No 型提問的形式表現，請多加小心。

④廣角型提問

這類型的提問不限於某個特定主題，而是廣泛的徵求對方的意見。此時，提問者想得到的情報，是回答者的意見和見解，並期待回答者在說明的過程中，加入適當的例子和數據，例如：

「你對本期的業績有什麼評價？」

「請告訴我業界未來的展望？」
「請告訴我，你對下期目標的想法？」
「對於未來的景氣動向，你有什麼看法？」

以為是提問，其實是反駁

有些問題表面上看起來是提問，其實不是。比方說，官員在國會接受質詢時，民意代表時常用提問的方式，來表達反駁意見。

這種情況下，提問者通常會冗長的敘述自己的感想和反駁論點，最後加上疑問句：「你怎麼想？」、「換作是你，做何感想？」表面上看起來，是提問者在尋求回答者的意見；但這類型的提問，並不是單純的問問題，嚴格來說，是提問者在表達他的主張。

在辯論的場合中，特別是交叉詰問時，用這種質詢的方式提問，會被視為違規。因為這樣的表達方式，不算是提問，比較像在陳述一種評論或反駁對方的意見。

因此，大家若被問到這樣的問題時，你可以回答「確實有部分人這麼認為」，或「謝謝你寶貴的意見」等，表示自己已了解對方的主張和意見。

用發現問題型提問，就能切入對方關心的事物

提問的目的是為了獲取情報。前面我們把提問分成四種，但可更概略粗分為兩大類：一是追求事實和數據的**基礎情報收集型提問**；另一是聚焦在問題意識和關心事項的**發現問題型提問**。

交涉中，最希望獲取的情報，就是對手關心的事。若能了解對手在關心什麼，便能透過解決對方的問題，來提高雙方的滿意度。

基礎情報收集型提問，恰如其名，是為了獲取客觀事實或數據所做的提

問。這類型的問題，非常適合在交涉初期階段，用來理解對方的狀況。其形式一般有兩種，就是前面提過的 Yes 或 No 型，以及限定性・確認事實型提問，例如：

「貴公司是上市公司嗎？」

「貴公司的總營業額有多少？」

「請問貴公司的股票何時公開發行？」

「請問貴公司主要拓展的領域為何？」

若你能在適當時機提出基礎情報收集型提問，對方會對你留下好印象，認為：「原來你想理解、關心我的狀況。」但不能問太多，一直問會耗費很多時間，也無法讓對方留下好印象。

若是公開的一般情報，最好不要在交涉時直接詢問對手，應該在事前做足功課。**交涉新手最容易犯的錯誤是，在交涉過程中，不斷丟出基礎情報收集型的問題。**

但若是為了確認對方的主張或發言，則可以接二連三的提出基礎情報收集型提問。

譬如對方說：「本公司進入個人導向市場的時間很短。」這時可以確認：「這樣啊，請問大概多久時間？」如此便能獲得更具體的情報。

另一方面，發現問題型提問可以讓你一針見血的切入重點。這種提問方式，可以讓對方吐露對自身狀況有何不滿，或正面臨什麼樣的問題。提問的形式就是限定性・說明型和廣角型提問，例如：

「現在我們使用的軟體有什麼問題嗎？」
「貴公司在組織上面臨什麼問題？」
「你對於品質管理體制的現狀滿意嗎？」
「讓工廠營運提升效率的必要措施為何？」

交涉就是提高雙方滿意度的過程。換言之，當對方的問題獲得解決，或在交涉過程中取得好處時，我方的問題也能獲得解決，並得到相對應的好處。因此，在交涉過程中一定要想辦法，讓對方關心的事物與面臨的問題浮上檯面。

比方說，部屬對上司提議：「公司需要購買新的作業系統。」對此，若上司立刻否決：「不行，升級作業系統太花錢了。」這樣接下來就沒有討論的空間了。

但若這位上司能提出發現問題型的提問：「現在的作業系統不好用嗎？」那麼，部屬便可針對上司的問題回答：「現在的作業系統太老舊，與顧客的往來資料都得靠手動輸入，所以還須僱用大量的派遣人員。」這麼一來，真正的問題便能清楚浮現。

部屬的說明點出了一個可能，就是升級作業系統雖然花錢，但最終說不定可以達到降低成本的效果，這對上司來說是相當誘人的價值。若此交涉能夠成立，不僅部屬工作能更順暢，上司也可替公司節省成本，同時提高雙方的滿意度，成為一場貨真價實的成功交涉。

用發現意義型提問，挖出對方潛在的問題

無論是基礎情報收集型，或是發現問題型提問，提問者企圖獲取的情報，都是對方意識到的情報。

相反的，若想**挖掘出對方尚未意識到的問題**，就必須靠**發現意義型提問**。這樣做可以使對方尚未明確意識到的潛在問題，以及潛在利益浮現，例如：

「按照目前的工作效率，可以應付得了突然有業務員離職的狀況嗎？」

「設備的老化會對產品品質造成多少影響？」

「平均一天五件不良品，一年下來會造成多少損失？」

「聽任經銷商的抱怨不管，最後會衍生出什麼樣的問題？」

交涉中，**對手的滿意度越高，讓步的機率就越高**。想提高對手的滿意度，

最快方法就是解決對方的問題。解決的問題越大，對手的滿意度就越高。

發現意義型提問非常好用，可以迫使對方意識到潛在問題的嚴重性。

當我們希望客戶購買昂貴的設備或高額的諮商服務時，一定要讓他們了解潛在問題的嚴重性。因為若是以解決顯在問題為目的，而引進新設備或服務，對他們來說就太過昂貴、不划算。如此，便無法提高對方的滿意度，使交涉陷入困局。這時，若能提供可以解決潛在問題的附加價值，便能提高對方的滿意度，促使交涉成功。

碰上越大型的案件，就越需要熟練的使用發現意義型提問。

這樣回答棘手的問題

交涉是一連串的問與答。我方會問很多問題，對方也會問很多問題。但當我們遇到對方提出的棘手問題時，該如何應對？

棘手問題可分成三種：

①不明確的問題；
②被問到痛處的問題；
③不好回答的問題。

下面，我們就來一一探討這些棘手問題的本質及應對策略。

①不明確的問題

不明確的問題指的是，不曉得對方到底想問什麼。具體來說，就是主詞與述詞不明確，用了許多「雖然這樣」、「即使是」等意義不明確的連接詞，使問題冗長、不知所云。會問這種問題的人，喜歡在最後加上一句「關於這點，你有何看法」，也就是**以廣角型提問作結**。

這類問題最容易出現於，提問者對疑問不甚了解，又沒有把想法反映在詢問事項中時。簡單來說，提問者是一邊提問、一邊思考（或沒有思考）。

比方說有人問：「你說的，我都能理解，但就現實狀況來說，現在市場需求低迷，本公司的財務體質又不夠健全。雖說如此，還是得想辦法努力改善。事實上，我們已經盡量去做了……。」像這樣，內容拖泥帶水，不知所云。

【應對方法】再重問一次

遇到這種不明確的提問，我們該如何應對？方法之一就是，仔細聆聽、讀取提問者的意圖；**把對方的問題，修改成一個更明確的設問，反問他**。當對方滔滔不絕說個不停時，請適時、並有禮貌的打斷對方，確認他的問題。例如：「你是顧慮到貴公司的狀況特殊，所以不知該怎麼應付是嗎？」

但這並不容易。畢竟我們連問題到底是什麼都搞不清楚了，所以最好的方法，就是把球丟回給提問者。

你可以有禮貌的請他再說一次：「不好意思，可否重述你的問題。」儘管對方第一次表達時不夠明確，但畢竟他已經思考過一次，並說出口了；大部分人在第二次陳述時，較能提出更具體的問題。你也可以請他就某部分，做出更明確的定義。

無論如何，請掌握一個原則：**不要勉強自己回答聽不懂的問題**。

②被問到痛處的問題

「為什麼製造成本會增加？」、「為什麼要繼續經營虧損的事業？」、「失去市占率的理由為何？」等，所謂被問到痛處的問題，就是指對方把問題焦點鎖定在我方的負面部分。

這類型的問題，大都是要求一方說明關於某具體事項的理由或見解，也就是限定性．說明型提問。所以，**若直接回答對方，就等於承認他的問題是事實**。比如：「為什麼業務員的士氣越來越低落？」面對這個問題，若你直接回答理由，等於間接承認業務員的士氣低落。因此，第一步要做的，是**確認提問**

者作為前提的事實是否正確。若提問者對事實有誤會，你必須站在提問者的立場，修正對方的觀念。

假使業務員的士氣並沒有低落，可以先說：「問得好。」接著回答他：「但根據我們的調查，業務員的士氣並沒有低落。」

假設提問者的前提是正確的，比方說若對方問：「為什麼本公司的產品B，銷售額有減少的傾向？」你可以直接陳述理由，像是顧客需求產生變化、整體需求的滑落、出現新競爭者等。

【應對方法】用中性詞彙包裝負面表述

注意，**陳述理由的同時，最好一併提出解決對策**，比如，「改良生產方式，因應顧客需求的變化」、「挖掘新的需求」、「向顧客強調自家產品與他家產品的差異」；回答的同時，說明你想採取何種對策來解決問題。雖然對方問的是理由，但作為提問者，一定也想知道改善的對策。

此外，對方提出問到痛處的問題時，必然會使用負面表述，像是費用暴增、需求滑落、資金調度惡化等。

所以在回答這些問題之前，你可以重述對方的問題，並趁機將其中的負面表述，轉換成較中立的表述。

比方說，暴增、滑落、惡化，可以轉換成抽象度較高的調整、推移、變化等。這樣，你就可以用中立的表述，重述對方的問題，像是「你是要問最近費用調整的問題是嗎」、「你是指關於需求的推移」、「我來為你說明關於本公司現金流的變化」等。

這是政治人物和官僚最擅長的領域。比方說，公共收費調高會說這是「調整」；拿國民的納稅錢填補自己犯錯的錢坑時，就會說用的是「公家資金」。順帶一提，有小學會以「環境整備」為名，叫家長一起打掃校園和校舍周邊。

你的用字遣詞透露出你的態度

用詞表現帶給人的印象，概略可分成三種：消極、中立、積極。例如，「問題」這個字，就是消極的表現，畢竟大家都不喜歡碰上問題。

相較之下，比較中立的表現應該是「課題」。若想表現得更積極一點，可以用「挑戰」。若用挑戰來形容，就會令人產生想要超越困難的積極態度。

再舉個例子。大家覺得「處理」這個字，帶給人什麼印象？其實「處理」在語感上屬於比較消極的用字，感覺用「應對」、「處置」，比較中立一點。若要表現出積極的態度，可以用「解決」。

交涉者不僅回答問題要謹慎，在用字遣詞上，更要保持相當的敏感度。因為**你的用字，會透露出你對這件事所抱持的態度**。思考是一種知性的過程，目的在於找出各種現象對自己的意義。

在這過程中，一定存在一個要素叫解釋。也就是，你怎麼去理解某個現象。其實，這種解釋的過程，多半是在無意識中進行。想把這段無意識中進行的行為，轉變成有意識的客觀觀察，只要分析該現象被貼上什麼標籤即可。

比如在一段話中，若頻繁出現問題、處理、費用這些負面表述，就表示說者傾向做出消極性的解釋。人的態度一旦消極，便容易放棄，當然也就想不出好的解決策略，或積極採取行動。如此一來，問題不但沒有解決，反而印證當初消極的解釋是對的。

③不好回答的問題

所謂不好回答的問題，是指不是不知道答案，只是很難直接回答。比方說，有人問：「為什麼你們公司的產品比別人貴這麼多？」面對這種負面表述的問題，若只是機械性的回應：「本公司使用上等材質」，或是「我們的業務員和據點比較多」，這樣的理由似乎也不夠充分。

【應對方法】去除問題的負面表述，轉換問題的焦點，間接回答

上述答案，確實能直接回答到問題。但若能換個方式，不要解釋高價位的理由，而是說明高價位的意義，更能增加答案的說服力，使提問者獲得滿足。

以剛才的例子來說，你可以先去除負面表述變成，「你是問本公司產品的價格是嗎？」接著回答：「本公司產品的價格，反映在產品的高品質與信賴上。就產品所提供的價值來看，購買本公司的產品非常划算。X公司也是用我們家的東西，而且他們非常滿意。」

這個例子告訴我們，回答不好回答的問題，其實是有技巧的。那就是**把回答的角度，從提問者在意的價格，轉換成價值**；表示有顧客為了追求高品質，願意用高價購買我們的產品，這樣就等於間接回答了提問者的問題。

再舉個例子，「我已經投入那麼多優秀人才進入D事業，為什麼還賺那麼少錢？」這同樣是負面表述問題。

首先，去除問題的負面表述，改用較中性的字眼重述：「你是問D事業的獲利結構嗎？」接著回答：「會計上的利益結果確實很重要。但我認為所謂的收益性，應該將事業的風險與報酬，放在一起看才正確。D事業的風險，相對來講比較低，所以就它的風險報酬率來看，收益性相當高。再加上，D事業不需要投入昂貴的設備投資，就現金流的面向來看，對公司整體的貢獻度也相當大。」

把答案的焦點，從提問者在意的會計利益，轉換成整體性評價、符合風險的報酬，等於間接回答了對方的問題。

本章重點整理

● **交涉就是不斷的提問與回答**

正因如此，交涉者必須學會活用提問的技術。

● **提問的四類型**

① Yes 或 No 型：確認與具體事項相關的事實提問。答案只有 Yes 或 No。

② 限定性．確認事實型：確認與具體事項相關的事實提問，答案以數值等具體方式呈現。

③ 限定性．說明型：引導出對方關於具體事項的理由或見解時的提問。

④ 廣角型：不限於針對某事項的特定面向，廣泛徵求對方的意見。

● **交涉中的提問**

・基礎情報收集型：詢問與交涉對手相關的客觀事實，與數據時的提問。形式上採用 Yes 或 No 型與限定性．確認事實型提問。

・發現問題型：使交涉對手的不滿與問題浮現時的提問。形式上採用限定性・說明型與廣角型提問。

● **用發現意義型的提問進攻**

挖掘出交涉對手尚未明確意識到的潛在問題，與可獲得利益時的提問。

● **棘手問題的種類及應對方法**

①不明確的問題——不知道對方想問什麼。

【應對方法】再重問一次。

②被問到痛處的問題——焦點鎖定在負面。

【應對方法】用中性詞彙包裝負面表述。

③不好回答的問題——很難直接回答的問題。

【應對方法】去除問題的負面表述，轉換問題的焦點，間接回答。

第10章

利用後勤支援，取得有利地位

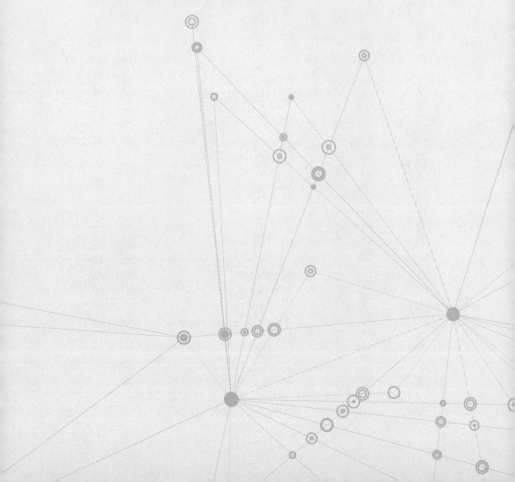

前面九章，介紹了各種使交涉過程更具生產性的技巧。但就交涉的整體面貌來看，似乎還可以再追加幾種。在最後一章，我要告訴大家交涉時，不可或缺的後勤支援。

風險雖多，但由我方制定議程較好

交涉的議程到底由我方制定較好，還是交由對方制定好？若是不講究形式，氣氛融洽的交涉場合，有時候不制定議程也無妨。但一般來說，交涉之前都必須制定議程，說明有哪些項目、以怎樣的順序來協商。

假設由我方制定議程，哪些交涉項目是重要的、哪些是次要的，將由我方定義。這麼一來，我方確實能有效取得主導權，但同時也會暴露出我方最關心、最在意的事項。

如果對方從一開始就秉持，交涉是提高雙方滿意度的過程，由我方制定議程的問題並不大，但對方會怎麼想，誰也無法打包票；再加上，若我方的議程內容會帶來壓迫感，對方也會啟動警戒心，採取防守的姿態。

由我方制定議程還有一個缺點，那就是失去可以看穿對方關心、在意什麼的好機會。因此，有人覺得不如交由對方制定議程，我方隨機應變才是比較保險的做法。

我方制定議程雖然存在很多風險，但我還是建議大家自己制定議程、控制交涉流程比較好。因為你在制定議程的過程中，必定會在腦中反覆思考這部分該怎麼做、那部分該怎樣，**等於事先做了一次沙盤推演**。

其實整個制定議程的過程中，最麻煩的是協商項目的順序。到底要從最重要的項目，還是要從衝擊性最小的部分開始？或是說不管衝擊性大小，應該先從最沒有爭議的項目開始談？還是應該從最難交涉的事項開始？

我很希望有個標準方法能告訴大家：「照這樣的順序最好！」但很遺憾，我認為這沒有標準答案。有時候你覺得衝擊性小的項目，對對方來說卻是非常重要的事。又或者，有時你以為從最沒有爭議的項目開始談比較順利，結果出乎意料的讓對方強烈反彈，使原本設想好的腳本全被打亂。

換句話說，比起議程內容，重要的是你在思考議程的過程中，下了多少功夫。當然，交涉流程若真的照我們預想的進行，是再好也不過。但實際上，事與願違的情況占大多數。所以，當交涉不如預期時，心情是否能不受動搖、堅持不放棄的交涉下去，反而會比流程是否順暢更加重要。

多人的交涉團隊才有利

影響交涉動態的因素之一，便是編組交涉團隊。你打算一個人去交涉、還是找搭檔，或是組一個五人左右的小團隊？其實交涉團隊有好幾種編組方式。

在這裡，我先以一人出戰和五人小團隊來做比較，看看編組交涉團隊時，應注意哪些事項。

首先，多人團隊的優點，是可以集結擁有專業知識的成員，增加我方的交涉力。大家可以把交涉力看作是**知識×交涉技術**。所以，專業知識可以成為團隊強而有力的後盾。

比方說，大家可以想想，完成一個產品需要多少知識量？我想一個交涉者再怎麼優秀，他的知識量也無法比擬由該產品的設計專家、製造技術專家、法律專家組成的團隊吧。

如果能將有能力的交涉者，與理念相同的專家，組成一個交涉團隊，成員們彼此敞開心胸，互相交換意見、提出建言，這樣的團隊在交涉過程，便能發揮極大的力量。

其次，多人團隊在向自己的組織報告交涉過程與結果時，會比單槍匹馬更具說服力。若該團隊是由各部門派人參加的話，更是如此。組織不但能更容易接受交涉的決議事項，在執行面上也會更加順暢。

雖說多人團隊有這麼多優點，但缺點也不少。其中最令人擔心的，就是團員之間是否能同心協力。

交涉之前，團員必須在許多方面獲得共識，像是設定最終的交涉目標、交涉項目的優先順序、讓步的可能性等。若團員之間可以順利達成共識最好，若不能，很可能遭到對手猛攻，突顯團隊意見不一致的矛盾。這麼一來，不但無法發揮多人團隊的優勢，還會因為紀律鬆散，成為任務失敗的主因。

還有一種戰術，是由多人組成團隊，但真正交涉時，只選定一位代表發言。但這麼一來，其他團員就單純成了裝飾品；要是對手指名徵求代表以外的人發表意見，便有可能破功。

因此，若有信心整合團隊，發揮團隊力量，那麼，多人團隊的編組方式，確實對交涉有很大的助益。

選在哪裡和對方交涉，也是事前準備非常重要的要素。大致來說，交涉場所有三種選擇：①我方的場地、②對手的場地、③中立的場地。各有各的優點和缺點，所以我建議大家，先對它們有充分的認識之後再做決定。

交涉場所三選一

①我方的場地

邀對方來自己的公司（主場）談，有很多優點，畢竟是自己熟悉的陣地，和從沒去過的地方相比，比較容易放鬆。

當我們一踏進陌生的會議室，壓迫感其實比想像中來得大。所以選擇我方的地點作為交涉場所，便能戰術性的控制環境設定，包括會議室、桌椅配置、房間的明亮度與溫度等。

而且上司就在旁邊，要商量事情也很方便。公司內部又有各領域的專家，可以隨時向他們請益。

但把對方叫來我方有個缺點，就是要花時間和人力準備。會議室的安排就不用說了，包括用餐、住宿、接送等，許多和交涉內容無關的瑣碎工作，會突然大增。

不僅如此，有時候優點反而會變成缺點。比方說，因為上司就在一旁，隨時可以商量，所以可能會被對方要求立即做出決斷或讓步。相反的，若是去對方的場地交涉，我們比較可以用「這我要回公司商量一下……。」來迴避。

②對手的場地

踏進對手的場地，其實也有優點。

第一，你可以大方使用這個藉口：「這我要回公司商量一下……。」善用權限不足的優勢。一般而言，**在對手的場地交涉，比較容易施展拖延戰術**。

第二，離開自家公司，比較可以隔絕日常業務，集中精神在交涉上。若選在自家公司的會議室交涉，不時會出現日常業務的干擾，比如交涉到一半，有人會進來問你：「那件事進行得如何」、「有位重要的客戶打電話來，說有要緊事」等。

同樣的，選在對方的主場也有其缺點。比方說，因為不熟悉環境，精神壓力就比較大等。

其次，若交涉場所位在很遠的地方，光是前往目的地，就得花費不少時間和精力。連上個廁所都得跟人問路、找路，這都是很耗費精神的事。這些細微的不便累積起來，不知不覺便會形成一股巨大的壓力。

③中立的場地

還有一個選擇，就是選在飯店等中立的場所。這麼一來，就不用煩惱前述的各種優缺點。但選在中立處有個缺點，就是雙方都必須多一項負擔，也就是事前確認的作業。比方說要選在哪裡、怎麼準備等，準備這項作業的本身，其實也算是一種交涉。

印象中，二〇〇二年十月舉行的第十二次日朝（鮮，即北韓）國交正常化談判的會場，選在馬來西亞吉隆坡市內的某間飯店。

從外交面向來看，馬來西亞對日本、北韓來說，都屬於非同盟國家，立場中立，所以雙方都判斷馬來西亞是最中立的選擇。對外交或政治談判而言，交涉場所的中立性顯得特別重要。

本章重點整理

● **我方制定議程的優點和缺點**

優點：可由我方決定協商事項，順便為交涉做準備。

缺點：容易洩漏我方關心的重點，錯失找出對方關心的重點。

自己制定議程，可以掌握交涉的節奏。

● **由多位成員組成交涉團隊**

優點：透過專家的專業知識，增加我方的交涉力，向內部組織交代交涉過程與結果時，更具說服力。

缺點：團員之間很難獲得共識。

若有把握能整合團隊，發揮團隊力量，多人編組的團隊是很好的選擇。

● **交涉場地的選擇**

①我方的場地

優點：心情比較放鬆，隨時可以和上司商量，並能請教專家。
缺點：要負擔交涉前的準備工作，容易被要求立刻做出決斷或讓步。
②對手的場地
優點：容易施展拖延戰術，可集中精神交涉。
缺點：不熟悉環境，精神壓力較大。
③中立的場地
優點：沒有①、②的優點和缺點。
缺點：雙方多了一項事前準備的作業，包括場所的選定與準備工作。
＊視情況而定，從這三種選一種作為交涉場所。

後記

應付交涉對手，其實就像對付屁孩

交涉對手分很多種，有一種是不講理的人。也就是說，你跟他講道理，卻一點效果都沒有。這種人比自我感覺良好的人更糟，根本不甩你講什麼。他們不會使用缺德交涉戰術來威脅你，只是任性，或說天真。當然，最好的辦法就是盡量避開跟這種人交涉或共事。不過，有時候就是無法避免。既然如此，當我們遇到這種人，該怎麼對付他才好？

很遺憾，關於這個問題沒有特效藥。但大家也不必氣餒，一定有方法可以應付。

首先，你要理解一個事實，這世上絕不會有人完全不聽別人說話，不理睬他人的人。會聽我說話、不聽我說話，這種非黑即白的價值判斷，是不切實際的想法。

不僅如此，世上大概也沒有完全不照邏輯思考的人。至少，我還沒遇過百分之百靠直覺做事的人。所以我建議大家不要用非黑即白、這種二分法的角度來看待問題。比較符合現實的想法是：「這個人在某方面的傾向比較強。」

若能這麼想，剩下的，就是鍥而不捨的交涉，想辦法說服對方。帶著熱忱和邏輯性，持續不斷交涉。千萬不要在心中預設絕對的要求，像是「我的交涉對手，邏輯一定要夠強」、「我的交涉對手，一定要能立刻理解我說的話」等。若你先預設一個絕對性的要求，便容易陷入憤怒與沮喪的情緒。

記得保持良性思考，不要去想非這樣不可，而是想能這樣最好，但也有可能不會實現。這麼一來，即使對方的反應不如我們預期，你也不會失去交涉的動力。

每當我想到那些不聽人說話的交涉者時，腦中總會浮現育兒的畫面。小孩子很任性、不負責任、自我中心、不講理、不理智，他們最懂得怎麼觸怒父母，在這方面他們擁有卓越的技術。

但再怎麼樣，都是自己的小孩，這是不容改變的事實。而交涉其實就和養小孩的訣竅一樣，不要大發脾氣、不要灰心，要以懷抱希望的思考作為中心思想，強化自己的心理強韌度。

若本書能為各位在工作或生活上，帶來一點益處，實感萬幸。祝各位交涉順利，旗開得勝。

Biz 462

麥肯錫不外流的交涉技術

如何讓對方按照你的意思去做，他還覺得自己賺到了

作　　者／高杉尚孝
譯　　者／鄭舜瓏
責任編輯／黃凱琪
副總編輯／顏惠君
總 編 輯／吳依瑋
發 行 人／徐仲秋
會計助理／李秀娟
會　　計／許鳳雪
版權主任／劉宗德
版權經理／郝麗珍
行銷企劃／徐千晴
業務助理／連玉
業務專員／馬絮盈、留婉茹
行銷、業務與網路書店總監／林裕安
總 經 理／陳絜吾

國家圖書館出版品預行編目(CIP)資料

麥肯錫不外流的交涉技術：如何讓對方按照你的意思去做，他還覺得自己賺到了／高杉尚孝著；鄭舜瓏譯. -- 二版. -- 臺北市：大是文化有限公司，2024.06
256面；14.8×21公分. --（Biz；462）
譯自：論理的思考と交渉のスキル
ISBN 978-9626-7448-37-3（平裝）
1. 商業談判　2. 談判策略
490.17　　113004032

出 版 者／大是文化有限公司
臺北市衡陽路 7 號 8 樓
編輯部電話：（02）2375-7911
購書相關資訊請洽：（02）2375-7911 分機122
24小時讀者服務傳真：（02）2375-6999
讀者服務E-mail：dscsms28@gmail.com
郵政劃撥帳號：19983366　戶名：大是文化有限公司

香港發行／豐達出版發行有限公司 Rich Publishing & Distribution Ltd
地址：香港柴灣永泰道 70 號柴灣工業城第 2 期 1805 室
Unit 1805, Ph. 2, Chai Wan Ind City, 70 Wing Tai Rd, Chai Wan, Hong Kong.
電話：21726513　傳真：21724355
E-mail：cary@subseasy.com.hk

封面設計／FE設計
內頁排版／顏麟驊
印　　刷／緯峰印刷股份有限公司
出版日期／2024 年 6 月二版
定　　價／新臺幣 399 元（缺頁或裝訂錯誤的書，請寄回更換）
ISBN／978-626-7448-37-3（平裝）
電子書ISBN／9786267448366 (PDF)
9786267448359 (EPUB)